| 項目 | 学習日 月／日 | 問題番号&チェック | メモ | 検印 |
|---|---|---|---|---|
| 34 | ／ | 100   101   102 | | |
| 35 | ／ | 103   104 | | |
| 36 | ／ | 105   106   107 | | |
| 37 | ／ | 108   109 | | |
| 38 | ／ | 110   111   112   113 | | |
| 39 | ／ | 114   115   116   117 | | |
| 40 | ／ | 118   119   120 | | |
| 41 | ／ | 121   122   123   124   125 | | |
| 42 | ／ | 126   127   128   129 | | |
| 43 | ／ | 130   131   132   133 | | |
| 44 | ／ | 134   135 | | |
| 45 | ／ | 136   137   138 | | |
| 46 | ／ | 139   140 | | |
| 47 | ／ | 141   142   143 | | |
| 48 | ／ | 144   145   146 | | |
| 49 | ／ | 147   148 | | |
| 50 | ／ | 149   150   151 | | |
| 51 | ／ | 152   153 | | |
| 52 | ／ | 154   155 | | |
| 53 | ／ | 156   157   158 | | |
| 54 | ／ | 159   160 | | |
| 55 | ／ | 161   162   163 | | |
| 56 | ／ | 164   165   166 | | |
| 57 | ／ | 167   168 | | |

JN109064

## 学習記録表の使い方

- ●「学習日」の欄には，学習した日付を記入しましょう。
- ●「問題番号&チェック」の欄には，以下の基準を参考に，問題番号に○，△，×をつけましょう。
    - ○：正解した，理解できた
    - △：正解したが自信がない
    - ×：間違えた，よくわからなかった
- ●「メモ」の欄には，間違えたところや疑問に思ったことなどを書いておきましょう。復習のときは，ここに書いたことに気をつけながら学習しましょう。
- ●「検印」の欄は，先生の検印欄としてご利用いただけます。

# この問題集で学習するみなさんへ

　本書は，教科書「新編数学Ⅱ」に内容や配列を合わせてつくられた問題集です。教科書と同程度の問題を選んでいるので，本書にある問題を反復練習することによって，基礎力を養い学力の定着をはかることができます。

　学習項目は，教科書の配列をもとに内容を細かく分けています。また，各項目は以下のような見開き2ページで構成されています。

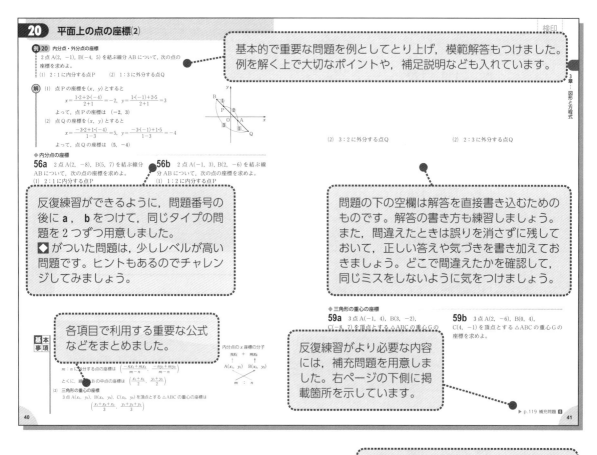

> 基本的で重要な問題を例としてとり上げ，模範解答もつけました。例を解く上で大切なポイントや，補足説明なども入れています。

> 反復練習ができるように，問題番号の後に **a** ，**b** をつけて，同じタイプの問題を2つずつ用意しました。
> ◆がついた問題は，少しレベルが高い問題です。ヒントもあるのでチャレンジしてみましょう。

> 問題の下の空欄は解答を直接書き込むためのものです。解答の書き方も練習しましょう。また，間違えたときは誤りを消さずに残しておいて，正しい答えや気づきを書き加えておきましょう。どこで間違えたかを確認して，同じミスをしないように気をつけましょう。

> 各項目で利用する重要な公式などをまとめました。

> 反復練習がより必要な内容には，補充問題を用意しました。右ページの下側に掲載箇所を示しています。

> 二次元コードを読み取ると，既習事項が復習できる Web アプリや，解説動画などのコンテンツが利用できます。

　巻末には略解があるので，自分で答え合わせができます。詳しい解答は別冊で扱っています。

　また，巻頭にある「学習記録表」に学習の結果を記録して，見直しのときに利用しましょう。間違えたところや苦手なところを重点的に学習すれば，効率よく弱点を補うことができます。

## ◆学習支援サイト「プラスウェブ」のご案内

　本書に掲載した二次元コードのコンテンツをパソコンで見る場合は，以下のURL からアクセスできます。

https://dg-w.jp/b/0bc0001

**注意** コンテンツの利用に際しては，一般に，通信料が発生します。

# もくじ _____ contents

## 1章　式と証明

1 整式の乗法，因数分解 ……………… 2
2 二項定理 …………………………… 4
3 整式の除法 ………………………… 6
4 分数式とその計算(1) ……………… 8
5 分数式とその計算(2) ……………… 10
6 恒等式 ……………………………… 12
7 等式の証明 ………………………… 14
8 不等式の証明(1) …………………… 16
9 不等式の証明(2) …………………… 18

## 2章　複素数と方程式

10 複素数とその演算(1) ……………… 20
11 複素数とその演算(2) ……………… 22
12 2次方程式の解 …………………… 24
13 解と係数の関係(1) ………………… 26
14 解と係数の関係(2) ………………… 28
15 剰余の定理 ………………………… 30
16 因数定理 …………………………… 32
17 高次方程式 ………………………… 34

## 3章　図形と方程式

18 直線上の点の座標 ………………… 36
19 平面上の点の座標(1) ……………… 38
20 平面上の点の座標(2) ……………… 40
21 直線の方程式 ……………………… 42
22 2直線の平行と垂直 ……………… 44
23 円の方程式(1) ……………………… 46
24 円の方程式(2) ……………………… 48
25 円と直線 …………………………… 50
26 円の接線の方程式 ………………… 52
27 軌跡と方程式 ……………………… 54
28 不等式の表す領域 ………………… 56
29 連立不等式の表す領域 …………… 58

## 4章　三角関数

30 一般角，弧度法 …………………… 60
31 三角関数(1) ………………………… 62
32 三角関数(2) ………………………… 64
33 三角関数のグラフ ………………… 66
34 三角関数を含む方程式・不等式 …… 68
35 三角関数の加法定理 ……………… 70
36 2倍角の公式・半角の公式 ……… 72
37 三角関数の合成 …………………… 74

## 5章　指数関数・対数関数

38 整数の指数，累乗根 ……………… 76
39 指数の拡張 ………………………… 78
40 指数関数の性質の利用 …………… 80
41 対数 ………………………………… 82
42 対数の性質 ………………………… 84
43 対数関数の性質の利用 …………… 86
44 常用対数 …………………………… 88

## 6章　微分と積分

45 平均変化率と微分係数 …………… 90
46 導関数とその計算(1) ……………… 92
47 導関数とその計算(2) ……………… 94
48 接線の方程式 ……………………… 96
49 関数の増加・減少 ………………… 98
50 関数の極大・極小 ………………… 100
51 関数の最大・最小 ………………… 102
52 方程式・不等式への応用 ………… 104
53 不定積分 …………………………… 106
54 定積分(1) …………………………… 108
55 定積分(2) …………………………… 110
56 面積(1) ……………………………… 112
57 面積(2) ……………………………… 114

補充問題 ……………………………… 116
解答 …………………………………… 126

問題総数　408題

例 57題，　問題 a，b 各168題，
補充問題 15題

# 1 整式の乗法，因数分解

**例 1** 3次の乗法公式，因数分解

(1) 次の式を展開せよ。

① $(x-3y)^3$          ② $(x-3)(x^2+3x+9)$

(2) $x^3-8$ を因数分解せよ。

**ポイント!**

符号に注意し，正確に公式にあてはめる。

**解** (1) ① $(x-3y)^3=x^3-3\cdot x^2\cdot 3y+3\cdot x\cdot(3y)^2-(3y)^3$     ←乗法公式⑦

$=x^3-9x^2y+27xy^2-27y^3$

② $(x-3)(x^2+3x+9)=(x-3)(x^2+x\cdot 3+3^2)$     ←乗法公式⑨

$=x^3-3^3=x^3-27$

(2) $x^3-8=x^3-2^3=(x-2)(x^2+x\cdot 2+2^2)$     ←乗法公式⑨を逆に用いる。

$=(x-2)(x^2+2x+4)$

◆ 2次の乗法公式

**1a** 次の式を展開せよ。

(1) $(2x+3)^2$

(2) $(x+3)(x-1)$

(3) $(x-1)(3x-2)$

**1b** 次の式を展開せよ。

(1) $(2x+y)(2x-y)$

(2) $(x-2y)(x-3y)$

(3) $(3x-2y)(4x-3y)$

◆ 2次の因数分解

**2a** 次の式を因数分解せよ。

(1) $16x^2-24x+9$

(2) $x^2+x-6$

(3) $3x^2+2x-1$

**2b** 次の式を因数分解せよ。

(1) $9x^2-4y^2$

(2) $x^2-10xy+24y^2$

(3) $4x^2-8xy+3y^2$

**基本事項** 乗法公式

① $(a+b)^2=a^2+2ab+b^2$

② $(a-b)^2=a^2-2ab+b^2$

③ $(a+b)(a-b)=a^2-b^2$

④ $(x+a)(x+b)=x^2+(a+b)x+ab$

⑤ $(ax+b)(cx+d)=acx^2+(ad+bc)x+bd$

⑥ $(a+b)^3=a^3+3a^2b+3ab^2+b^3$

⑦ $(a-b)^3=a^3-3a^2b+3ab^2-b^3$

⑧ $(a+b)(a^2-ab+b^2)=a^3+b^3$

⑨ $(a-b)(a^2+ab+b^2)=a^3-b^3$

**◆ 3次の乗法公式**

**3a** 次の式を展開せよ。

(1) $(x+3)^3$

(2) $(x-2)^3$

(3) $(x+2y)^3$

**3b** 次の式を展開せよ。

(1) $(2x+1)^3$

(2) $(3x+1)^3$

(3) $(2x-3y)^3$

**◆ 3次の乗法公式**

**4a** 次の式を展開せよ。

(1) $(x+2)(x^2-2x+4)$

(2) $(x-1)(x^2+x+1)$

**4b** 次の式を展開せよ。

(1) $(3x+2)(9x^2-6x+4)$

(2) $(3x-1)(9x^2+3x+1)$

**◆ 3次の因数分解**

**5a** 次の式を因数分解せよ。

(1) $x^3+1$

(2) $x^3-27y^3$

**5b** 次の式を因数分解せよ。

(1) $x^3-64$

(2) $64x^3+y^3$

# 2 二項定理

**例 2** 二項定理

二項定理を利用して，$(2a-b)^4$ を展開せよ。

**ポイント！**

$\{2a+(-b)\}^4$ と考えて，二項定理を利用する。

**解**  $(2a-b)^4=\{2a+(-b)\}^4$

$=\,_4\mathrm{C}_0(2a)^4+\,_4\mathrm{C}_1(2a)^3(-b)+\,_4\mathrm{C}_2(2a)^2(-b)^2+\,_4\mathrm{C}_3(2a)(-b)^3+\,_4\mathrm{C}_4(-b)^4$

$=1\cdot16a^4+4\cdot8a^3\cdot(-b)+6\cdot4a^2\cdot b^2+4\cdot2a\cdot(-b^3)+1\cdot b^4$

$=\boldsymbol{16a^4-32a^3b+24a^2b^2-8ab^3+b^4}$

← $_4\mathrm{C}_3=\,_4\mathrm{C}_{4-3}=\,_4\mathrm{C}_1$

$_4\mathrm{C}_0=1,\ \ _4\mathrm{C}_4=1$

◆ 二項定理

**6a** 二項定理を利用して，次の式を展開せよ。

(1) $(x-1)^4$

(2) $(x+2y)^5$

**6b** 二項定理を利用して，次の式を展開せよ。

(1) $(2x+1)^5$

(2) $(3a-2b)^4$

**基本事項**

(1) 組合せの総数 $_n\mathrm{C}_r$

$$_n\mathrm{C}_r=\frac{_n\mathrm{P}_r}{r!}=\frac{n(n-1)(n-2)\cdots\cdots(n-r+1)}{r(r-1)(r-2)\cdots\cdots2\cdot1}$$

← $n$ から始まる $r$ 個の積
← $r$ から始まる $r$ 個の積

$$_n\mathrm{C}_r=\,_n\mathrm{C}_{n-r}$$

(2) 二項定理

$$(a+b)^n=\,_n\mathrm{C}_0a^n+\,_n\mathrm{C}_1a^{n-1}b+\,_n\mathrm{C}_2a^{n-2}b^2+\cdots\cdots+\,_n\mathrm{C}_ra^{n-r}b^r+\cdots\cdots+\,_n\mathrm{C}_{n-1}ab^{n-1}+\,_n\mathrm{C}_nb^n$$

◆ 項の係数

**7a** 次の式の展開式において，[　]内の項の係数を求めよ。

(1)　$(a+3b)^6$　　$[a^2b^4]$

**7b** 次の式の展開式において，[　]内の項の係数を求めよ。

(1)　$(2a-b)^8$　　$[a^5b^3]$

(2)　$(a-2b)^5$　　$[a^4b]$

(2)　$(x-3)^7$　　$[x^5]$

(3)　$(x+2)^5$　　$[x^3]$

(3)　$(3x+1)^6$　　$[x^2]$

**例 3** 整式の除法

次の整式 $A$ を整式 $B$ で割り，商と余りを求めよ。

$$A = 2x^3 + x^2 + 3, \quad B = x^2 - 2x + 2$$

**(解)**

$$
\require{enclose}
\begin{array}{r}
2x + 5 \\
x^2 - 2x + 2 \enclose{longdiv}{2x^3 + x^2 \phantom{+00} + 3} \\
\underline{2x^3 - 4x^2 + 4x \phantom{000}} \\
5x^2 - 4x + 3 \\
\underline{5x^2 - 10x + 10} \\
6x - 7
\end{array}
$$

**ポイント!**

整数の除法にならって計算する。
余りの式の次数が割る式の次数より低くなるまで計算を続ける。

← 1次の項の場所はあけておく。

**(答)** 商 $2x + 5$，余り $6x - 7$

◆ 整式の除法

**8a** 次の整式 $A$ を整式 $B$ で割り，商と余りを求めよ。

(1) $A = x^2 - 2x + 2, \ B = x + 1$

**8b** 次の整式 $A$ を整式 $B$ で割り，商と余りを求めよ。

(1) $A = 2x^2 - x - 8, \ B = 2x + 3$

(2) $A = x^3 + 2x^2 - 5x + 7, \ B = x - 1$

(2) $A = 2x^3 - x^2 - 5x - 5, \ B = 2x + 1$

◆整式の除法

**9a** 次の整式$A$を整式$B$で割り，商と余りを求めよ。

(1)　$A=x^3-3x-1,\ B=x^2+2x-1$

(2)　$A=x^3+2x-3,\ B=x+2$

(3)　$A=3x^3-x+1,\ B=x+2$

**9b** 次の整式$A$を整式$B$で割り，商と余りを求めよ。

(1)　$A=x^3+2x^2-5,\ B=x^2-x+3$

(2)　$A=x^3-x^2-8,\ B=x-3$

(3)　$A=2x^3-x^2-5,\ B=x-2$

# 4 分数式とその計算(1)

**例 4** 分数式の乗法・除法

次の計算をせよ。

(1) $\dfrac{4x^2}{3y} \times \dfrac{5y}{8x^3}$

(2) $\dfrac{x+2}{x-3} \div \dfrac{x^2+4x+4}{x^2-9}$

分数の乗法・除法と同様に計算し，約分して簡単にする。

**解**

(1) $\dfrac{4x^2}{3y} \times \dfrac{5y}{8x^3} = \dfrac{4x^2 \times 5y}{3y \times 8x^3} = \dfrac{20x^2y}{24x^3y} = \dfrac{4x^2y \times 5}{4x^2y \times 6x} = \dfrac{5}{6x}$

← 分母どうし，分子どうし，それぞれ掛ける。

(2) $\dfrac{x+2}{x-3} \div \dfrac{x^2+4x+4}{x^2-9} = \dfrac{x+2}{x-3} \times \dfrac{x^2-9}{x^2+4x+4}$

$= \dfrac{(x+2) \times (x+3)(x-3)}{(x-3) \times (x+2)^{2\,1}} = \dfrac{x+3}{x+2}$

← 割る式の分母と分子を入れかえて，乗法になおして計算する。

◆ 分数式の約分

**10a** 次の分数式を約分せよ。

(1) $\dfrac{24a^3xy}{18a^2xy^3}$

(2) $\dfrac{x^2-9}{3(x+3)}$

(3) $\dfrac{x^2-x}{x^2-3x+2}$

**10b** 次の分数式を約分せよ。

(1) $\dfrac{2a^2xy}{4ax^3y}$

(2) $\dfrac{x^2-x-2}{2(x+1)}$

(3) $\dfrac{x^2-2x-15}{x^2-25}$

**基本事項**

(1) 分数式の約分 $\dfrac{C \times A}{C \times B} = \dfrac{A}{B}$

(2) 分数式の乗法・除法 $\dfrac{A}{B} \times \dfrac{C}{D} = \dfrac{AC}{BD}$, $\dfrac{A}{B} \div \dfrac{C}{D} = \dfrac{A}{B} \times \dfrac{D}{C} = \dfrac{AD}{BC}$

◆ **分数式の乗法**

**11a** 次の計算をせよ。

(1) $\dfrac{5x^2}{4y^3} \times \dfrac{8y^2}{15x}$

(2) $\dfrac{x^2-2x-3}{x-2} \times \dfrac{x^2-2x}{x^2+2x+1}$

**11b** 次の計算をせよ。

(1) $\dfrac{3x^4}{2y} \times \dfrac{5y^3}{6x^2}$

(2) $\dfrac{x^2-25}{x} \times \dfrac{x^2-5x}{x+5}$

◆ **分数式の除法**

**12a** 次の計算をせよ。

(1) $\dfrac{9x}{2y^2} \div \dfrac{3x^2}{8y}$

(2) $\dfrac{x^2-x-2}{2x^2+3x-2} \div \dfrac{x^2-2x-3}{2x^2-5x+2}$

**12b** 次の計算をせよ。

(1) $\dfrac{3x^2}{4ay} \div \dfrac{5x^3}{2ay^3}$

(2) $\dfrac{2x^2-8}{x^2+6x+5} \div \dfrac{x^2+x-6}{x^2+2x-15}$

## 5　分数式とその計算(2)

**例 5** 分数式の加法・減法

次の計算をせよ。

(1) $\dfrac{x}{x^2-4} - \dfrac{2}{x^2-4}$　　　(2) $\dfrac{1}{x+4} + \dfrac{1}{x-4}$

> **ポイント！**
>
> 分数の加法・減法と同様に通分して計算する。

**解** (1) $\dfrac{x}{x^2-4} - \dfrac{2}{x^2-4} = \dfrac{x-2}{x^2-4} = \dfrac{x-2}{(x+2)(x-2)} = \dfrac{1}{x+2}$

　← 分母が等しいから，分子を計算する。

(2) $\dfrac{1}{x+4} + \dfrac{1}{x-4} = \dfrac{x-4}{(x+4)(x-4)} + \dfrac{x+4}{(x+4)(x-4)}$

　← 分母が異なるときは通分する。

$\qquad = \dfrac{(x-4)+(x+4)}{(x+4)(x-4)} = \dfrac{2x}{(x+4)(x-4)}$

◆分数式の加法・減法

**13a** 次の計算をせよ。

(1) $\dfrac{2x}{x-1} + \dfrac{x+1}{x-1}$

(2) $\dfrac{2x}{x-2} - \dfrac{4}{x-2}$

(3) $\dfrac{x}{x^2-9} + \dfrac{3}{x^2-9}$

**13b** 次の計算をせよ。

(1) $\dfrac{x+3}{x+2} - \dfrac{x+1}{x+2}$

(2) $\dfrac{9}{x+3} + \dfrac{3x}{x+3}$

(3) $\dfrac{3x}{x^2-4} - \dfrac{x-4}{x^2-4}$

**基本事項**　分数式の加法・減法

$\dfrac{A}{C} + \dfrac{B}{C} = \dfrac{A+B}{C}$　　　$\dfrac{A}{C} - \dfrac{B}{C} = \dfrac{A-B}{C}$

◆**分数式の加法・減法**

**14a** 次の計算をせよ。

(1) $\dfrac{1}{x-1}+\dfrac{2}{x+2}$

(2) $\dfrac{3}{x+1}-\dfrac{x-2}{x(x+1)}$

(3) $\dfrac{x}{x+2}+\dfrac{1}{x^2+2x}$

**14b** 次の計算をせよ。

(1) $\dfrac{3}{x+3}-\dfrac{2}{2x-1}$

(2) $\dfrac{2x}{(x+2)(x-3)}+\dfrac{3}{x-3}$

(3) $\dfrac{1}{x-1}+\dfrac{1}{x^2-3x+2}$

▶ p.116 補充問題 **2**

**例 6** 恒等式

等式 $a(x-1)^2+b(x-1)+c=x^2+2x+5$ が $x$ についての恒等式であるとき，定数 $a$，$b$，$c$ の値を求めよ。

**解** 左辺を $x$ について整理すると

$$a(x^2-2x+1)+b(x-1)+c=x^2+2x+5$$
$$ax^2+(-2a+b)x+a-b+c=x^2+2x+5$$

この等式は $x$ についての恒等式であるから，両辺の同じ次数の項の係数はそれぞれ等しいので

$$\begin{cases} a=1 \\ -2a+b=2 \\ a-b+c=5 \end{cases}$$

これを解いて　$\boldsymbol{a=1}$，$\boldsymbol{b=4}$，$\boldsymbol{c=8}$

← 1，2式から　$-2+b=2$
　よって　$b=4$
　$a=1$，$b=4$ を 3式に代入して
　$1-4+c=5$
　よって　$c=8$

◆ 恒等式

**15a** 次の等式が $x$ についての恒等式であるとき，定数 $a$，$b$，$c$ の値を求めよ。
$$ax^2+(b-1)x+3=2x^2-4x-c$$

**15b** 次の等式が $x$ についての恒等式であるとき，定数 $a$，$b$，$c$ の値を求めよ。
$$ax^2+(2b+1)x-2=-x^2-3x+2c$$

**基本事項** 恒等式
$ax^2+bx+c=a'x^2+b'x+c'$ が $x$ についての恒等式　$\Longleftrightarrow$　$a=a'$ かつ $b=b'$ かつ $c=c'$

◆恒等式

**16a** 次の等式が $x$ についての恒等式であるとき，定数 $a$，$b$，$c$ の値を求めよ。

$$a(x+1)^2+b(x+1)+c=x^2+x-4$$

**16b** 次の等式が $x$ についての恒等式であるとき，定数 $a$，$b$，$c$ の値を求めよ。

$$a(x-2)^2+b(x-2)+c=3x^2-2x+5$$

**例 7** 条件つき等式の証明

次の等式を証明せよ。

(1) $a+b=1$ のとき $a^2+b=b^2+a$

(2) $\dfrac{a}{b}=\dfrac{c}{d}$ のとき $\dfrac{a}{a+2b}=\dfrac{c}{c+2d}$

**解**

(1) $a+b=1$ より，$b=1-a$ であるから

$\quad$（左辺）$=a^2+(1-a)=a^2-a+1$

$\quad$（右辺）$=(1-a)^2+a=(1-2a+a^2)+a=a^2-a+1$

よって $a^2+b=b^2+a$

$\leftarrow$ $b$ を消去して $a$ を用いて表す。

(2) $\dfrac{a}{b}=\dfrac{c}{d}=k$ とおくと，$a=bk$, $c=dk$ であるから

$\quad$（左辺）$=\dfrac{bk}{bk+2b}=\dfrac{bk}{b(k+2)}=\dfrac{k}{k+2}$

$\quad$（右辺）$=\dfrac{dk}{dk+2d}=\dfrac{dk}{d(k+2)}=\dfrac{k}{k+2}$

よって $\dfrac{a}{a+2b}=\dfrac{c}{c+2d}$

$\leftarrow$ $\dfrac{a}{b}=\dfrac{c}{d}=k$ とおくと

$\quad \dfrac{a}{b}=k$, $\dfrac{c}{d}=k$

であるから
$\quad a=bk$, $c=dk$

◆ 恒等式の証明

**17a** 等式 $(a-b)^3+3ab(a-b)=a^3-b^3$ を証明せよ。

**17b** 等式 $(a^2+4)(b^2+1)=(ab+2)^2+(a-2b)^2$ を証明せよ。

**基本事項** 等式の証明

一般に，等式 $A=B$ を証明するときには，次のいずれかの方法を用いることが多い。

① $A$ を変形して $B$ を導くか，$B$ を変形して $A$ を導く。

② $A$ と $B$ をそれぞれ変形して，同じ式を導く。

③ $A-B$ を計算して $0$ に等しくなることを示す。

◆ 条件つき等式の証明

**18a** $a+b=-2$ のとき，次の等式を証明せよ。 $a^2-2b=b^2-2a$

**18b** $a+b=1$ のとき，次の等式を証明せよ。 $a^3+b^3=1-3ab$

◆ 条件つき等式の証明

**19a** $\dfrac{a}{b}=\dfrac{c}{d}$ のとき，次の等式を証明せよ。

$$\frac{a+2b}{a-2b}=\frac{c+2d}{c-2d}$$

**19b** $\dfrac{a}{b}=\dfrac{c}{d}$ のとき，次の等式を証明せよ。

$$\frac{a+c}{b+d}=\frac{ad+bc}{2bd}$$

# 8 不等式の証明(1)

**例 8　不等式の証明**

不等式 $a^2+3b^2 \geqq 2ab$ を証明せよ。また，等号が成り立つのはどのようなときか。

**ポイント！**
(左辺)−(右辺) を，平方完成を利用して $(\text{実数})^2+(\text{実数})^2$ の形に変形する。

**解**　(左辺)−(右辺)$=a^2+3b^2-2ab$

$$=a^2-2ab+b^2+2b^2=(a-b)^2+2b^2$$

$(a-b)^2 \geqq 0$，$2b^2 \geqq 0$ であるから　$(a-b)^2+2b^2 \geqq 0$

よって　$a^2+3b^2-2ab \geqq 0$　　したがって　$a^2+3b^2 \geqq 2ab$

等号が成り立つのは，$a-b=0$ かつ $b=0$，すなわち $a=b=0$ のときである。

← $a^2-2ab=a^2-2\times a\times b$ に着目して，$a^2-2ab+b^2$ を作り，不足分の $2b^2$ を加える。

◆不等式の証明

**20a**　$a>b$ のとき，次の不等式を証明せよ。

$$4a-b>a+2b$$

**20b**　$a>b$ のとき，次の不等式を証明せよ。

$$\frac{5a+b}{3}>\frac{3a+b}{2}$$

◆不等式の証明

**21a**　次の不等式を証明せよ。また，等号が成り立つのはどのようなときか。

$$2(a^2+b^2) \geqq (a-b)^2$$

**21b**　次の不等式を証明せよ。また，等号が成り立つのはどのようなときか。

$$(a^2+1)(b^2+1) \geqq (ab+1)^2$$

**基本事項**　実数の平方

① すべての実数 $a$ に対して　$a^2 \geqq 0$　　等号が成り立つのは，$a=0$ のときである。

② すべての実数 $a$，$b$ に対して　$a^2+b^2 \geqq 0$　　等号が成り立つのは，$a=0$ かつ $b=0$ のときである。

**22a** 不等式 $a^2+2a+2>0$ を証明せよ。

**22b** 不等式 $a^2+6>4a$ を証明せよ。

◆ 不等式の証明

**23a** 次の不等式を証明せよ。また，等号が成り立つのはどのようなときか。

$$a^2+6b^2 \geqq 4ab$$

**23b** 次の不等式を証明せよ。また，等号が成り立つのはどのようなときか。

$$a^2+b^2+2 \geqq 2(a+b)$$

## 9　不等式の証明⑵

**例 9**　相加平均と相乗平均

$a>0$, $b>0$ のとき，不等式 $\dfrac{3b}{2a}+\dfrac{2a}{3b}\geqq 2$ を証明せよ。また，等号が成り立つのはどのようなときか。

**ポイント！**

2 つの正の数の和の形の不等式の証明は，相加平均と相乗平均の大小関係の利用を考える。

**(解)**　$a>0$, $b>0$ から　$\dfrac{3b}{2a}>0$, $\dfrac{2a}{3b}>0$

よって，相加平均と相乗平均の大小関係により

$$\dfrac{3b}{2a}+\dfrac{2a}{3b}\geqq 2\sqrt{\dfrac{3b}{2a}\cdot\dfrac{2a}{3b}}=2$$

したがって　$\dfrac{3b}{2a}+\dfrac{2a}{3b}\geqq 2$

また，等号が成り立つのは，$\dfrac{3b}{2a}=\dfrac{2a}{3b}$，すなわち $4a^2=9b^2$ の場合であるが，$a>0$, $b>0$ であるから，$a=\dfrac{3}{2}b$ のときである。

$\leftarrow \dfrac{A+B}{2}\geqq\sqrt{AB}$
両辺を 2 倍して
$A+B\geqq 2\sqrt{AB}$

$\leftarrow \dfrac{3b}{2a}=\dfrac{2a}{3b}$ より　$4a^2-9b^2=0$
$(2a+3b)(2a-3b)=0$
$a>0$, $b>0$ であるから $a=\dfrac{3}{2}b$

### ◆両辺が正の不等式の証明

**24a**　$a>0$, $b>0$ のとき，次の不等式を証明せよ。

$$\sqrt{a}+2\sqrt{b}>\sqrt{a+4b}$$

**24b**　$a>0$, $b>0$ のとき，次の不等式を証明せよ。

$$3\sqrt{a}+\sqrt{b}>\sqrt{9a+b}$$

**基本事項**

(1) 平方の大小関係
　$a>0$, $b>0$ のとき　$a^2>b^2 \Longleftrightarrow a>b$

(2) 相加平均と相乗平均の大小関係
　$a>0$, $b>0$ のとき　$\dfrac{a+b}{2}\geqq\sqrt{ab}$
　等号が成り立つのは，$a=b$ のときである。

◆ 相加平均と相乗平均

**25a** 4 と 12 の相加平均と相乗平均を求めよ。

**25b** 5 と 20 の相加平均と相乗平均を求めよ。

◆ 相加平均と相乗平均

**26a** $a>0$ のとき，次の不等式を証明せよ。また，等号が成り立つのはどのようなときか。

$$a+\frac{4}{a}\geqq 4$$

**26b** $a>0$，$b>0$ のとき，次の不等式を証明せよ。また，等号が成り立つのはどのようなときか。

$$\frac{b}{2a}+\frac{a}{2b}\geqq 1$$

# 10 複素数とその演算(1)

例 10 複素数の相等

次の等式を満たす実数 $a$, $b$ の値を求めよ。
$$(2a-4)+(5-3b)i=6-4i$$

ポイント!

複素数の相等を利用して，連立方程式を作る。

(解) $2a-4$, $5-3b$ は実数であるから
$$2a-4=6, \quad 5-3b=-4$$
したがって $a=5$, $b=3$

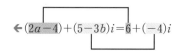

$\leftarrow (2a-4)+(5-3b)i=6+(-4)i$

## ◆ 複素数

**27a** 次の数を，$i$ を用いて表せ。

(1) $\sqrt{-3}$

(2) $-\sqrt{-10}$

(3) $\sqrt{-36}$

**27b** 次の数を，$i$ を用いて表せ。

(1) $-\sqrt{-14}$

(2) $\sqrt{-45}$

(3) $-\sqrt{-4}$

## ◆ 2次方程式の解

**28a** 2次方程式 $x^2=-6$ を解け。

**28b** 2次方程式 $x^2=-12$ を解け。

基本事項

(1) 虚数単位
　2乗すると $-1$ になる数を $i$ で表す。すなわち，$i^2=-1$ であり，この $i$ を虚数単位という。

(2) 負の数の平方根
　$a>0$ のとき　$\sqrt{-a}=\sqrt{a}\,i$　とくに　$\sqrt{-1}=i$

(3) 複素数
　実数 $a$, $b$ と虚数単位 $i$ を用いて，$a+bi$ の形で表される数を複素数という。
　また，$a$ をこの複素数の実部，$b$ を虚部という。

(4) 複素数の相等
　$a$, $b$, $c$, $d$ が実数のとき　$a+bi=c+di \iff a=c$ かつ $b=d$
　とくに　$a+bi=0 \iff a=b=0$

◆複素数

**29a** 次の複素数の実部と虚部を答えよ。

(1) $1-2i$

(2) $-2+\sqrt{3}\,i$

(3) $2i$

**29b** 次の複素数の実部と虚部を答えよ。

(1) $-3+i$

(2) $\dfrac{\sqrt{2}-5i}{2}$

(3) $-3$

◆複素数の相等

**30a** 次の等式を満たす実数 $a$，$b$ の値を求めよ。

(1) $a+bi=2-5i$

(2) $2a+(b-1)i=4+i$

(3) $(3a-1)+(2b+4)i=5-2i$

**30b** 次の等式を満たす実数 $a$，$b$ の値を求めよ。

(1) $a-bi=-1+2i$

(2) $(a+2)+(3b-6)i=0$

(3) $(4a+1)+5i=9+(2b-5)i$

**例 11** 複素数の計算

次の計算をせよ。

(1)  $(2+5i)+(3-2i)$ (2)  $(3+4i)(2-i)$ (3)  $\dfrac{1-i}{2+i}$

**解** (1)  $(2+5i)+(3-2i)=(2+3)+(5-2)i=\mathbf{5+3i}$

(2)  $(3+4i)(2-i)=6-3i+8i-4i^2=6-3i+8i-4\cdot(-1)$
$=(6+4)+(-3+8)i=\mathbf{10+5i}$

(3)  $\dfrac{1-i}{2+i}=\dfrac{(1-i)(2-i)}{(2+i)(2-i)}=\dfrac{2-i-2i+i^2}{4-i^2}$
$=\dfrac{1-3i}{4+1}=\dfrac{1}{5}-\dfrac{3}{5}i$

← $\{5+(-2)\}i=(5-2)i=3i$

← $i^2=-1$

← $2+i$ と共役な複素数 $2-i$ を分母，分子に掛ける。

◆ **複素数の加法・減法**

**31a** 次の計算をせよ。

(1)  $(2+i)+(5-3i)$

(2)  $(3+5i)-(4+3i)$

**31b** 次の計算をせよ。

(1)  $(-5+2i)+(1-5i)$

(2)  $(6+3i)-(-7+4i)$

◆ **複素数の乗法**

**32a** 次の計算をせよ。

(1)  $2i(3+i)$

(2)  $(1-3i)(2+i)$

(3)  $(3+4i)^2$

**32b** 次の計算をせよ。

(1)  $(5+i)(3-4i)$

(2)  $(-2-i)(3-2i)$

(3)  $(1+3i)(1-3i)$

◆ **複素数の除法**

**33a** 次の計算をせよ。

(1) $\dfrac{3+2i}{2-i}$

(2) $\dfrac{4+2i}{1+i}$

(3) $\dfrac{1+i}{i}$

**33b** 次の計算をせよ。

(1) $\dfrac{2+i}{1-i}$

(2) $\dfrac{1-3i}{1+2i}$

(3) $\dfrac{3-i}{2i}$

▶ p.117 補充問題 **3**

# 12  2次方程式の解

## 例 12  解の判別

次の2次方程式の解を判別せよ。

(1)  $2x^2-5x+3=0$  (2)  $4x^2-12x+9=0$

(3)  $5x^2+2x+7=0$

解  (1)  $2x^2-5x+3=0$ の判別式を $D$ とすると

$D=(-5)^2-4\cdot2\cdot3=1>0$

よって，異なる2つの実数解をもつ。

←$a=2,\ b=-5,\ c=3$

(2)  $4x^2-12x+9=0$ の判別式を $D$ とすると

$D=(-12)^2-4\cdot4\cdot9=0$

よって，重解をもつ。

←$a=4,\ b=-12,\ c=9$

(3)  $5x^2+2x+7=0$ の判別式を $D$ とすると

$D=2^2-4\cdot5\cdot7=-136<0$

よって，異なる2つの虚数解をもつ。

←$a=5,\ b=2,\ c=7$

## ◆ 解の公式

**34a**  次の2次方程式を解け。

(1)  $x^2+5x+3=0$

**34b**  次の2次方程式を解け。

(1)  $3x^2-x-1=0$

(2)  $4x^2+4x+1=0$

(2)  $9x^2+12x+4=0$

(3)  $x^2+x+3=0$

(3)  $x^2-2x+4=0$

基本事項  2次方程式 $ax^2+bx+c=0$ について

(1)  解の公式  $x=\dfrac{-b\pm\sqrt{b^2-4ac}}{2a}$

(2)  解の判別  $D=b^2-4ac>0 \iff$ 異なる2つの実数解

$D=b^2-4ac=0 \iff$ 重解（1つの実数解）

$D=b^2-4ac<0 \iff$ 異なる2つの虚数解

◆ 解の判別

**35a** 次の2次方程式の解を判別せよ。

(1) $x^2-4x+3=0$

(2) $25x^2-10x+1=0$

(3) $9x^2+8x+2=0$

**35b** 次の2次方程式の解を判別せよ。

(1) $3x^2-2x+3=0$

(2) $4x^2-4x+1=0$

(3) $x^2-2x-5=0$

◆ 解の判別

**36a** 次の問いに答えよ。

(1) 2次方程式 $x^2-6x+k=0$ が虚数解をもつとき，定数 $k$ の値の範囲を求めよ。

(2) 2次方程式 $x^2-kx+2k-3=0$ が実数解をもつとき，定数 $k$ の値の範囲を求めよ。

**36b** 次の問いに答えよ。

(1) 2次方程式 $x^2+8x-k=0$ が実数解をもつとき，定数 $k$ の値の範囲を求めよ。

(2) 2次方程式 $x^2+(k+1)x+2k-1=0$ が虚数解をもつとき，定数 $k$ の値の範囲を求めよ。

**例13** 解と係数の関係

2次方程式 $x^2-2x-3=0$ の2つの解を $\alpha$, $\beta$ とするとき，次の
式の値を求めよ。

(1) $\alpha^2+\beta^2$  (2) $(\alpha+2)(\beta+2)$

**ポイント！**

与えられた式を，$\alpha+\beta$ と $\alpha\beta$
を用いて表す。

**解** 解と係数の関係により　$\alpha+\beta=2$, $\alpha\beta=-3$

(1) $\alpha^2+\beta^2=(\alpha+\beta)^2-2\alpha\beta=2^2-2\cdot(-3)=\mathbf{10}$

(2) $(\alpha+2)(\beta+2)=\alpha\beta+2\alpha+2\beta+4$

$\qquad\qquad=\alpha\beta+2(\alpha+\beta)+4=-3+2\cdot2+4=\mathbf{5}$

$\leftarrow \alpha+\beta=-\dfrac{-2}{1}=2,$

$\alpha\beta=\dfrac{-3}{1}=-3$

◆ 解と係数の関係

**37a** 次の2次方程式の2つの解の和と積
を求めよ。

(1) $3x^2+x+2=0$

(2) $2x^2+4x-5=0$

(3) $x^2-2x+5=0$

(4) $2x^2-5x=0$

**37b** 次の2次方程式の2つの解の和と積
を求めよ。

(1) $3x^2+7x+2=0$

(2) $5x^2-5x+3=0$

(3) $3x^2-x-5=0$

(4) $3x^2-4=0$

**基本事項** 解と係数の関係

2次方程式 $ax^2+bx+c=0$ の2つの解を $\alpha$, $\beta$ とすると　$\alpha+\beta=-\dfrac{b}{a}$, $\alpha\beta=\dfrac{c}{a}$

**38a** 2次方程式 $x^2+2x+5=0$ の2つの解を $\alpha$，$\beta$ とするとき，次の式の値を求めよ。

(1) $\alpha^2+\beta^2$

(2) $(\alpha-\beta)^2$

(3) $(\alpha+3)(\beta+3)$

(4) $\dfrac{1}{\alpha}+\dfrac{1}{\beta}$

**38b** 2次方程式 $x^2-4x+5=0$ の2つの解を $\alpha$，$\beta$ とするとき，次の式の値を求めよ。

(1) $\alpha^2+\beta^2$

(2) $(\alpha-\beta)^2$

(3) $(\alpha-2)(\beta-2)$

(4) $\dfrac{2}{\alpha}+\dfrac{2}{\beta}$

**例 14** 2数を解とする2次方程式

2次方程式 $x^2+3x+4=0$ の2つの解を $\alpha$, $\beta$ とするとき，2数 $3\alpha$, $3\beta$ を解とし，$x^2$ の係数が1である2次方程式を求めよ。

**ポイント！**
解と係数の関係を利用して，$3\alpha+3\beta$, $3\alpha\cdot3\beta$ の値を求める。

**(解)** 解と係数の関係により　　$\alpha+\beta=-3$, $\alpha\beta=4$

よって　$3\alpha+3\beta=3(\alpha+\beta)=3\cdot(-3)=-9$ ← 解の和

$3\alpha\cdot3\beta=9\alpha\beta=9\cdot4=36$ ← 解の積

したがって，求める2次方程式は　　$x^2-(-9)x+36=0$ ← $x^2-($解の和$)x+($解の積$)=0$

すなわち　　$\boldsymbol{x^2+9x+36=0}$

◆ **2数を解とする2次方程式**

**39a** 次の2数を解とし，$x^2$ の係数が1である2次方程式を求めよ。

(1) $2+\sqrt{3}$, $2-\sqrt{3}$

(2) $-1+i$, $-1-i$

(3) $1+\sqrt{3}\,i$, $1-\sqrt{3}\,i$

**39b** 次の2数を解とし，$x^2$ の係数が1である2次方程式を求めよ。

(1) $-3-\sqrt{5}$, $-3+\sqrt{5}$

(2) $2+3i$, $2-3i$

(3) $-2+\sqrt{2}\,i$, $-2-\sqrt{2}\,i$

**基本事項** (1) **2数を解とする2次方程式**
2数 $\alpha$, $\beta$ を解とし，$x^2$ の係数が1である2次方程式は　　$x^2-(\alpha+\beta)x+\alpha\beta=0$

(2) **2次式の因数分解**
2次方程式 $ax^2+bx+c=0$ の2つの解を $\alpha$, $\beta$ とすると　　$ax^2+bx+c=a(x-\alpha)(x-\beta)$

◆ 2 数を解とする 2 次方程式

**40a** 2次方程式 $x^2+2x-4=0$ の 2 つの解を $\alpha$, $\beta$ とするとき, 2 数 $2\alpha$, $2\beta$ を解とし, $x^2$ の係数が 1 である 2 次方程式を求めよ。

**40b** 2次方程式 $x^2-3x+3=0$ の 2 つの解を $\alpha$, $\beta$ とするとき, 2 数 $\alpha+2$, $\beta+2$ を解とし, $x^2$ の係数が 1 である 2 次方程式を求めよ。

◆ 2 次式の因数分解

**41a** 次の 2 次式を複素数の範囲で因数分解せよ。

(1) $3x^2-x-1$

(2) $x^2-2x+2$

(3) $x^2+4$

**41b** 次の 2 次式を複素数の範囲で因数分解せよ。

(1) $9x^2+6x-1$

(2) $x^2-4x+13$

(3) $x^2+8$

**例 15** 2次式で割った余り

整式 $P(x)$ を $x+1$ で割った余りが $-6$，$x-2$ で割った余りが $3$ であるとき，$P(x)$ を $(x+1)(x-2)$ で割った余りを求めよ。

**(解)** $P(x)$ を $(x+1)(x-2)$ で割った商を $Q(x)$ とする。

2次式 $(x+1)(x-2)$ で割った余りは1次式か定数である。

よって，余りを $ax+b$ とおくと

$$P(x)=(x+1)(x-2)Q(x)+ax+b \quad \cdots\cdots①$$

が成り立つ。

① に $x=-1$，$2$ を代入して $\quad P(-1)=-a+b \quad P(2)=2a+b$

← (余りの次数)<(割る式の次数)

一方，剰余の定理により，$P(-1)=-6$，$P(2)=3$ であるから

$$\begin{cases} -a+b=-6 \\ 2a+b=3 \end{cases}$$

← 剰余の定理を利用して，$a$，$b$ についての連立方程式を作る。

これを解いて $\quad a=3,\ b=-3$

したがって，求める余りは $\quad \boldsymbol{3x-3}$

◆ 整式の値

**42a** $P(x)=2x^2-3x+1$ のとき，次の値を求めよ。

(1) $P(0)$

(2) $P(2)$

(3) $P(-1)$

**42b** $P(x)=x^3-3x^2+x-5$ のとき，次の値を求めよ。

(1) $P(0)$

(2) $P(3)$

(3) $P(-2)$

**基本事項** 剰余の定理

整式 $P(x)$ を1次式 $x-\alpha$ で割った余りは $\quad P(\alpha)$

◆ 整式を 1 次式で割った余り

**43a** 整式 $P(x)=x^3-3x^2-2x+7$ を次の1次式で割った余りを求めよ。

(1) $x-1$

(2) $x+1$

**43b** 整式 $P(x)=x^3+2x^2-7x+1$ を次の1次式で割った余りを求めよ。

(1) $x-2$

(2) $x+3$

◆ 整式を 2 次式で割った余り

**44a** 整式 $P(x)$ を $x-1$ で割った余りが 1，$x-2$ で割った余りが 3 であるとき，$P(x)$ を $(x-1)(x-2)$ で割った余りを求めよ。

**44b** 整式 $P(x)$ を $x+3$ で割った余りが 2，$x-2$ で割った余りが $-3$ であるとき，$P(x)$ を $(x+3)(x-2)$ で割った余りを求めよ。

**例 16** 因数分解

整式 $P(x)=x^3-4x^2+x+6$ を因数分解せよ。

$P(x)$ の定数項の約数の中から，$P(\alpha)=0$ を満たす $\alpha$ を見つける。

(解) $P(-1)=(-1)^3-4\cdot(-1)^2+(-1)+6=0$
であるから，$x+1$ は $P(x)$ の因数
である。
右の割り算から
$$P(x)=(x+1)(x^2-5x+6)$$
$$=\boldsymbol{(x+1)(x-2)(x-3)}$$

← 6 の約数
　$\pm1,\ \pm2,\ \pm3,\ \pm6$
から見つける。

$$\begin{array}{r} x^2-5x\ +6 \\ x+1\overline{)x^3-4x^2+\ x+6} \\ \underline{x^3+\ x^2} \\ -5x^2+\ x \\ \underline{-5x^2-5x} \\ 6x+6 \\ \underline{6x+6} \\ 0 \end{array}$$

← 因数分解できるところまで因数分解する。

◆ 因数定理

**45a** 次の問いに答えよ。

(1) 次の 1 次式のうち，整式
　$P(x)=x^3-3x^2+x+2$ の因数をすべて選べ。
　　$x-1,\ x+1,\ x-2$

**45b** 次の問いに答えよ。

(1) 次の 1 次式のうち，整式
　$P(x)=x^3-4x^2-2x+8$ の因数をすべて選べ。
　　$x-1,\ x+2,\ x-4$

(2) 次の 1 次式のうち，整式
　$P(x)=2x^3-9x^2+7x+6$ の因数をすべて選べ。
　　$x-1,\ x-2,\ x-3$

(2) 次の 1 次式のうち，整式
　$P(x)=2x^3+5x^2-x-6$ の因数をすべて選べ。
　　$x-1,\ x+2,\ x-3$

**基本事項** 因数定理
$x-\alpha$ は整式 $P(x)$ の因数である $\iff P(\alpha)=0$

◆ 因数分解

**46a** 次の整式 $P(x)$ を因数分解せよ。

(1) $P(x)=x^3-4x^2-x+4$

**46b** 次の整式 $P(x)$ を因数分解せよ。

(1) $P(x)=x^3+7x^2+14x+8$

(2) $P(x)=x^3-3x^2+4$

(2) $P(x)=x^3-4x^2-3x+18$

**例 17** 高次方程式

方程式 $x^3-4x^2+x+6=0$ を解け。

**(解)** $P(x)=x^3-4x^2+x+6$ とおく。

$P(-1)=0$ であるから，$x+1$ は $P(x)$ の因数である。

右の割り算から　　$P(x)=(x+1)(x^2-5x+6)$

$P(x)=0$ から　　$(x+1)(x-2)(x-3)=0$

よって　　$x+1=0$ または $x-2=0$ または $x-3=0$

したがって　$x=-1,\ 2,\ 3$

**ポイント！**

因数定理を利用して，左辺を因数分解する。

$$
\begin{array}{r}
x^2-5x+\ 6 \\
x+1\overline{)x^3-4x^2+\ x+6} \\
\underline{x^3+\ x^2} \\
-5x^2+\ x \\
\underline{-5x^2-5x} \\
6x+6 \\
\underline{6x+6} \\
0
\end{array}
$$

◆ 高次方程式

**47a** 方程式 $x^3-27=0$ を解け。

**47b** 方程式 $x^3+8=0$ を解け。

◆ 高次方程式

**48a** 次の方程式を解け。

(1)　$x^4-17x^2+16=0$

(2)　$x^4-3x^2-10=0$

**48b** 次の方程式を解け。

(1)　$x^4-7x^2+12=0$

(2)　$x^4-11x^2-80=0$

**49a** 次の方程式を解け。

(1) $x^3 - 6x^2 + 11x - 6 = 0$

**49b** 次の方程式を解け。

(1) $x^3 - x^2 - 10x - 8 = 0$

(2) $x^3 - x^2 - 5x + 6 = 0$

(2) $x^3 - 6x^2 + 14x - 12 = 0$

▶ p.118 補充問題 **4**

**例 18** 内分点・外分点の座標

2点 A$(-3)$, B$(2)$ を結ぶ線分 AB について, 次の点の座標を求めよ。

(1) $3:2$ に内分する点  (2) $7:2$ に外分する点

**解** (1) $\dfrac{2\cdot(-3)+3\cdot 2}{3+2}=\mathbf{0}$

(2) $\dfrac{-2\cdot(-3)+7\cdot 2}{7-2}=\mathbf{4}$

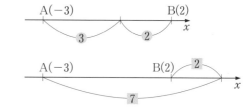

◆ 2点間の距離

**50a** 数直線上の次の2点間の距離を求めよ。

(1) A$(-5)$, B$(3)$

(2) A$(3)$, B$(-2)$

**50b** 数直線上の次の2点間の距離を求めよ。

(1) A$(-1)$, B$(-5)$

(2) O$(0)$, A$(-7)$

◆ 内分・外分

**51a** 線分 AB を次のように分ける点を, 下の数直線に図示せよ。

(1) $2:1$ に内分する点P  (2) $2:1$ に外分する点Q  (3) $1:2$ に外分する点R

**51b** 線分 AB を次のように分ける点を, 下の数直線に図示せよ。

(1) $1:2$ に内分する点P  (2) $4:1$ に外分する点Q  (3) $1:4$ に外分する点R

**基本事項**

(1) **2点間の距離**

数直線上の2点 A$(a)$, B$(b)$ 間の距離は  $AB=|b-a|$

(2) **内分点・外分点の座標**

数直線上の2点 A$(a)$, B$(b)$ に対して, 線分 AB を $m:n$ に

内分する点の座標は  $\dfrac{na+mb}{m+n}$  外分する点の座標は  $\dfrac{-na+mb}{m-n}$

とくに, 線分 AB の中点の座標は  $\dfrac{a+b}{2}$

外分点
の位置

**52a** 2点 A(−2)，B(6) を結ぶ線分 AB について，次の点の座標を求めよ。

(1) 5 : 3 に内分する点

(2) 2 : 3 に内分する点

(3) 中点

**52b** 2点 A(−7)，B(3) を結ぶ線分 AB について，次の点の座標を求めよ。

(1) 2 : 5 に内分する点

(2) 3 : 1 に内分する点

(3) 中点

◆外分点の座標

**53a** 2点 A(3)，B(7) を結ぶ線分 AB について，次の点の座標を求めよ。

(1) 2 : 1 に外分する点

(2) 2 : 3 に外分する点

**53b** 2点 A(−4)，B(1) を結ぶ線分 AB について，次の点の座標を求めよ。

(1) 3 : 2 に外分する点

(2) 3 : 8 に外分する点

**例 19** **2点から等距離にある点の座標**

2点 A$(-1,\ 2)$, B$(5,\ 4)$ から等距離にある $x$ 軸上の点Pの座標を求めよ。

**解** 点Pの座標を $(x,\ 0)$ とおく。

AP$=$BP より AP$^2=$BP$^2$

このとき AP$^2=\{x-(-1)^2\}+2^2=x^2+2x+5$

BP$^2=(x-5)^2+4^2=x^2-10x+41$

これより $x^2+2x+5=x^2-10x+41$

よって $12x=36$ すなわち $x=3$

したがって, 点Pの座標は $(\mathbf{3},\ \mathbf{0})$

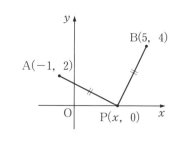

◆ **平面上の2点間の距離**

**54a** 次の2点間の距離を求めよ。

(1) A$(-1,\ 3)$, B$(6,\ -4)$

(2) C$(-2,\ 7)$, D$(3,\ 4)$

(3) E$(-2,\ 2)$, F$(-1,\ 4)$

(4) 原点 O, P$(6,\ 5)$

**54b** 次の2点間の距離を求めよ。

(1) A$(0,\ 4)$, B$(5,\ 0)$

(2) C$(2,\ 3)$, D$(-1,\ -2)$

(3) E$(-4,\ -1)$, F$(2,\ -4)$

(4) 原点 O, P$(-3,\ -4)$

**基本事項** **2点間の距離**

2点 A$(x_1,\ y_1)$, B$(x_2,\ y_2)$ 間の距離 AB は AB$=\sqrt{(x_2-x_1)^2+(y_2-y_1)^2}$

とくに, 原点Oと点 P$(x,\ y)$ との距離 OP は OP$=\sqrt{x^2+y^2}$

◆ 2点から等距離にある点の座標

# 55a

(1) 2点 A$(1, 2)$, B$(3, 4)$ から等距離にある $x$ 軸上の点Pの座標を求めよ。

(2) 2点 A$(-3, 4)$, B$(-1, 2)$ から等距離にある $y$ 軸上の点Pの座標を求めよ。

# 55b

(1) 2点 A$(2, 3)$, B$(4, -3)$ から等距離にある $x$ 軸上の点Pの座標を求めよ。

(2) 2点 A$(-2, 1)$, B$(4, -1)$ から等距離にある $y$ 軸上の点Pの座標を求めよ。

**例 20** 内分点・外分点の座標

2点 A(2, −1), B(−4, 5) を結ぶ線分 AB について，次の点の
座標を求めよ。

(1) 2:1 に内分する点P    (2) 1:3 に外分する点Q

**解** (1) 点 P の座標を $(x, y)$ とすると

$$x=\frac{1\cdot2+2\cdot(-4)}{2+1}=-2, \quad y=\frac{1\cdot(-1)+2\cdot5}{2+1}=3$$

よって，点 P の座標は  **(−2, 3)**

(2) 点 Q の座標を $(x, y)$ とすると

$$x=\frac{-3\cdot2+1\cdot(-4)}{1-3}=5, \quad y=\frac{-3\cdot(-1)+1\cdot5}{1-3}=-4$$

よって，点 Q の座標は  **(5, −4)**

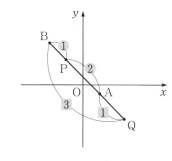

◆ 内分点の座標

**56a** 2点 A(2, −8), B(5, 7) を結ぶ線分
AB について，次の点の座標を求めよ。

(1) 2:1 に内分する点P

**56b** 2点 A(−1, 3), B(2, −6) を結ぶ線
分 AB について，次の点の座標を求めよ。

(1) 1:2 に内分する点P

(2) 中点M

(2) 中点M

**基本事項**

(1) **内分点・外分点の座標**

2点 A$(x_1, y_1)$, B$(x_2, y_2)$ を結ぶ線分 AB に対して，

$m:n$ に内分する点の座標は $\left(\dfrac{nx_1+mx_2}{m+n}, \dfrac{ny_1+my_2}{m+n}\right)$

$m:n$ に外分する点の座標は $\left(\dfrac{-nx_1+mx_2}{m-n}, \dfrac{-ny_1+my_2}{m-n}\right)$

とくに，線分 AB の中点の座標は $\left(\dfrac{x_1+x_2}{2}, \dfrac{y_1+y_2}{2}\right)$

内分点の $x$ 座標の分子

$$nx_1 \quad + \quad mx_2$$

$$A(x_1, y_1) \quad B(x_2, y_2)$$

$$m \quad : \quad n$$

(2) **三角形の重心の座標**

3点 A$(x_1, y_1)$, B$(x_2, y_2)$, C$(x_3, y_3)$ を頂点とする △ABC の重心の座標は

$$\left(\frac{x_1+x_2+x_3}{3}, \frac{y_1+y_2+y_3}{3}\right)$$

◆ 外分点の座標

**57a** 2点 A(1, −1), B(5, 7) を結ぶ線分 AB について，次の点の座標を求めよ。

(1) 1 : 3 に外分する点 P

(2) 3 : 2 に外分する点 Q

**57b** 2点 A(−1, −4), B(2, 0) を結ぶ線分 AB について，次の点の座標を求めよ。

(1) 3 : 1 に外分する点 P

(2) 2 : 3 に外分する点 Q

◆ 定点に関して対称な点

**58a** 点 A(2, −3) に関して，点 P(5, −6) と対称な点Qの座標を求めよ。

**58b** 点 A(−3, 1) に関して，点 P(−7, 5) と対称な点Qの座標を求めよ。

◆ 三角形の重心の座標

**59a** 3点 A(−1, 4), B(3, −2), C(−8, 7) を頂点とする △ABC の重心 G の座標を求めよ。

**59b** 3点 A(2, −6), B(0, 4), C(4, −1) を頂点とする △ABC の重心 G の座標を求めよ。

**例 21** 直線の方程式

次の直線の方程式を求めよ。

(1) 点 $(5, -3)$ を通り，傾きが $4$ の直線

(2) $2$ 点 $(-1, 2)$, $(3, 6)$ を通る直線

(1) $1$ 点を通り，傾きが $m$ の直線

(2) $2$ 点を通る直線

の公式をそれぞれ利用する。

**解** (1) $y-(-3)=4(x-5)$

すなわち $y=4x-23$

(2) $y-2=\dfrac{6-2}{3-(-1)}\{x-(-1)\}$

すなわち $y=x+3$

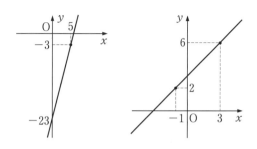

◆ **1点と傾きが与えられた直線の方程式**

**60a** 次の直線の方程式を求めよ。

(1) 点 $(4, 7)$ を通り，傾きが $3$ の直線

**60b** 次の直線の方程式を求めよ。

(1) 点 $(-2, -1)$ を通り，傾きが $2$ の直線

(2) 点 $(-5, 1)$ を通り，傾きが $-4$ の直線

(2) 点 $(-4, -6)$ を通り，傾きが $-1$ の直線

(3) 点 $(2, -3)$ を通り，傾きが $\dfrac{3}{2}$ の直線

(3) 点 $(3, -7)$ を通り，傾きが $-\dfrac{1}{2}$ の直線

**基本事項**

(1) **$1$ 点を通り，傾きが $m$ の直線**

点 $(x_1, y_1)$ を通り，傾きが $m$ の直線の方程式は $y-y_1=m(x-x_1)$

(2) **$2$ 点を通る直線**

$2$ 点 $(x_1, y_1)$, $(x_2, y_2)$ を通る直線の方程式は

$x_1 \neq x_2$ のとき $y-y_1=\dfrac{y_2-y_1}{x_2-x_1}(x-x_1)$

$x_1=x_2$ のとき $x=x_1$

◆ **2 点が与えられた直線の方程式**

**61a** 次の 2 点を通る直線の方程式を求めよ。

(1) $(1, -2)$, $(2, 5)$

(2) $(4, 6)$, $(2, 3)$

(3) $(-3, 1)$, $(-3, 3)$

**61b** 次の 2 点を通る直線の方程式を求めよ。

(1) $(-1, -2)$, $(4, 8)$

(2) $(2, 3)$, $(-5, 3)$

(3) $(4, -1)$, $(4, 7)$

◆ **2 直線の交点を通る直線**

**62a** 2 直線 $y = -x$, $y = 2x + 3$ の交点 P と，点 $(1, 3)$ を通る直線の方程式を求めよ。

**62b** 2 直線 $x - 2y + 1 = 0$, $x - y - 1 = 0$ の交点 P と，点 $(-1, 3)$ を通る直線の方程式を求めよ。

### 例 22　条件を満たす平行な直線・垂直な直線

次の直線の方程式を求めよ。

(1) 点 A(2, 3) を通り，直線 $2x+y-5=0$ に平行な直線

(2) 点 A(2, 3) を通り，直線 $2x+y-5=0$ に垂直な直線

**ポイント！**
傾きを求め，2直線の平行条件・垂直条件を利用する。

**解**　直線 $2x+y-5=0$ を $\ell$ とする。

直線 $\ell$ の方程式は $y=-2x+5$ と変形できるから，直線 $\ell$ の傾きは　$-2$

(1) 点 A(2, 3) を通り，直線 $\ell$ に平行な直線の方程式は

$$y-3=-2(x-2) \quad \text{すなわち} \quad \boldsymbol{2x+y-7=0}$$

(2) 直線 $\ell$ に垂直な直線の傾きを $m$ とすると

$$(-2)\cdot m=-1 \quad \text{より} \quad m=\frac{1}{2}$$

したがって，点 A(2, 3) を通り，直線 $\ell$ に垂直な直線の方程式は

$$y-3=\frac{1}{2}(x-2) \quad \text{すなわち} \quad \boldsymbol{x-2y+4=0}$$

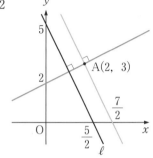

### ◆ 2直線の平行条件

**63a**　次の直線のうち，互いに平行な直線はどれとどれか。

① $y=\dfrac{1}{2}x-3$　　② $5x-5y-1=0$

③ $y=-x+1$　　④ $x-2y+2=0$

**63b**　次の直線のうち，互いに平行な直線はどれとどれか。

① $y=-x+3$　　② $2x-4y+3=0$

③ $2x+2y+5=0$　　④ $y=2x-5$

### ◆ 2直線の垂直条件

**64a**　次の直線に垂直な直線の傾きを求めよ。

(1) $y=2x-3$

(2) $x+2y+1=0$

**64b**　次の直線に垂直な直線の傾きを求めよ。

(1) $y=-\dfrac{1}{2}x+1$

(2) $2x-y+1=0$

**基本事項**
(1) 2直線の平行条件　　2直線 $y=mx+n$, $y=m'x+n'$ が平行 $\iff$ $m=m'$

(2) 2直線の垂直条件　　2直線 $y=mx+n$, $y=m'x+n'$ が垂直 $\iff$ $mm'=-1$

(3) 点と直線の距離　　点 $(x_0, y_0)$ と直線 $ax+by+c=0$ の距離 $d$ は　　$d=\dfrac{|ax_0+by_0+c|}{\sqrt{a^2+b^2}}$

◆ 平行・垂直な直線の方程式

## 65a　次の直線の方程式を求めよ。

(1)　点 $A(1, 2)$ を通り，直線 $3x+y-2=0$ に平行な直線

(2)　点 $A(1, 2)$ を通り，直線 $3x+y-2=0$ に垂直な直線

## 65b　次の直線の方程式を求めよ。

(1)　点 $A(0, -7)$ を通り，直線 $x-2y-3=0$ に平行な直線

(2)　点 $A(0, -7)$ を通り，直線 $x-2y-3=0$ に垂直な直線

◆ 点と直線の距離

## 66a　次の点と直線の距離を求めよ。

(1)　点 $(3, 4)$，直線 $4x+3y-1=0$

(2)　原点，直線 $4x-3y+10=0$

## 66b　次の点と直線の距離を求めよ。

(1)　点 $(-2, 1)$，直線 $3x-4y+5=0$

(2)　原点，直線 $x+y+2=0$

**例23** 円の方程式（直径の両端）

2点 A(3, 2)，B(−1, 4) を直径の両端とする円の方程式を求めよ。

**ポイント!**

中心は線分 AB の中点であり，半径はその中点と点Aの距離である。

**(解)** 求める円の中心を C(a, b)，半径を r とする。

中心Cは線分 AB の中点であるから

$$a=\frac{3+(-1)}{2}=1, \quad b=\frac{2+4}{2}=3$$

よって C(1, 3)

また，r=CA であるから $r=\sqrt{(3-1)^2+(2-3)^2}=\sqrt{5}$

したがって，求める円の方程式は $(x-1)^2+(y-3)^2=5$

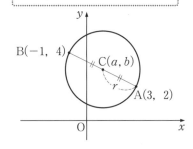

◆ 円の方程式

**67a** 次の円の方程式を求めよ。

(1) 中心が点 (1, −1)，半径が $\sqrt{2}$

(2) 中心が点 (−2, 3)，半径が 1

(3) 中心が原点，半径が $\sqrt{2}$

**67b** 次の円の方程式を求めよ。

(1) 中心が点 (−3, 5)，半径が 2

(2) 中心が点 (−1, −2)，半径が $\sqrt{5}$

(3) 中心が原点，半径が 3

**基本事項** 円の方程式

点 (a, b) を中心とし，半径が r の円の方程式は $(x-a)^2+(y-b)^2=r^2$

とくに，原点を中心とし，半径が r の円の方程式は $x^2+y^2=r^2$

◆円の中心と半径

**68a** 次の円の中心と半径を求めよ。

(1) $(x-2)^2+(y-1)^2=4$

(2) $x^2+(y+1)^2=3$

**68b** 次の円の中心と半径を求めよ。

(1) $(x+1)^2+(y-2)^2=16$

(2) $(x-3)^2+y^2=5$

◆円の方程式（中心と通る1点）

**69a** 点 C$(-3,\ 2)$ を中心とし，原点 O を通る円の方程式を求めよ。

**69b** 点 C$(1,\ -2)$ を中心とし，点 A$(0,\ 1)$ を通る円の方程式を求めよ。

◆円の方程式（直径の両端）

**70a** 点 A$(-6,\ -8)$ と原点 O を直径の両端とする円の方程式を求めよ。

**70b** 2 点 A$(2,\ -1)$，B$(-6,\ 5)$ を直径の両端とする円の方程式を求めよ。

**例 24** 3点を通る円の方程式

3点 A$(-1, 2)$, B$(5, 0)$, C$(3, -2)$ を通る円の方程式を求めよ。

**ポイント!**

求める円の方程式を
$$x^2+y^2+\ell x+my+n=0$$
とおいて, $\ell$, $m$, $n$ について
の連立方程式を作る。

**(解)** 求める円の方程式を $x^2+y^2+\ell x+my+n=0$ とおく。

点 A$(-1, 2)$ を通るから $1+4-\ell+2m+n=0$

点 B$(5, 0)$ を通るから $25+5\ell+n=0$

点 C$(3, -2)$ を通るから $9+4+3\ell-2m+n=0$

これらを整理すると
$$\begin{cases} \ell-2m-n=5 & \cdots\cdots① \\ 5\ell+n=-25 & \cdots\cdots② \\ 3\ell-2m+n=-13 & \cdots\cdots③ \end{cases}$$

①+②から $6\ell-2m=-20$

すなわち $3\ell-m=-10$ $\cdots\cdots④$

②-③から $2\ell+2m=-12$

すなわち $\ell+m=-6$ $\cdots\cdots⑤$

④, ⑤を連立させて解くと $\ell=-4$, $m=-2$

②から $n=-5$

よって, 求める円の方程式は $x^2+y^2-4x-2y-5=0$

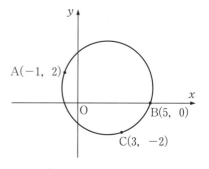

◆ **方程式 $x^2+y^2+\ell x+my+n=0$ の表す図形**

**71a** 方程式 $x^2+y^2-6x+4y+4=0$ の表す図形を図示せよ。

**71b** 方程式 $x^2+y^2+4x-8y+11=0$ の表す図形を図示せよ。

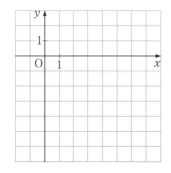

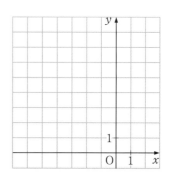

◆ **3点を通る円の方程式**

**72a** 次の3点を通る円の方程式を求めよ。

(1) O(0, 0), A(1, 5), B(−4, 6)

**72b** 次の3点を通る円の方程式を求めよ。

(1) O(0, 0), A(4, −2), B(3, −3)

(2) A(1, 1), B(1, 3), C(4, 0)

(2) A(1, 0), B(2, −1), C(3, 2)

**例 25** 円と直線の共有点

円 $x^2+y^2=25$ と直線 $y=7x+25$ の共有点の座標を求めよ。

円の方程式と直線の方程式から $y$ を消去して得られる 2 次方程式を解く。

**(解)** 連立方程式 $\begin{cases} x^2+y^2=25 & \cdots\cdots① \\ y=7x+25 & \cdots\cdots② \end{cases}$ を解く。

②を①に代入すると $x^2+(7x+25)^2=25$　　　←$50x^2+350x+600=0$

整理して $x^2+7x+12=0$

$(x+3)(x+4)=0$ から $x=-3, -4$

②に代入して $x=-3$ のとき $y=4$, $x=-4$ のとき $y=-3$

よって，求める座標は $(-3, 4)$, $(-4, -3)$

$y=7x+25$

◆ 円と直線の共有点

**73a** 円 $x^2+y^2=10$ と直線 $y=x+2$ の共有点の座標を求めよ。

**73b** 円 $x^2+y^2=5$ と直線 $y=2x-5$ の共有点の座標を求めよ。

**基本事項** 円と直線の位置関係・共有点の個数

| $D$ の符号 | $D>0$ | $D=0$ | $D<0$ |
|---|---|---|---|
| $d$ と $r$ の大小 | $d<r$ | $d=r$ | $d>r$ |
| 円と直線の位置関係 | 異なる 2 点で交わる | 接する | 共有点をもたない |
| 円と直線の共有点の個数 | 2 個 | 1 個 | 0 個 |

$D$ は，円と直線の方程式から $y$ を消去して得られる $x$ の 2 次方程式の判別式とする。

$d$ は円の中心と直線の距離，$r$ は円の半径とする。

◆円と直線の位置関係（判別式の利用）

**74a** 円 $x^2+y^2=2$ と直線 $y=x+n$ が共有点をもつとき，定数 $n$ の値の範囲を求めよ。

**74b** 円 $x^2+y^2=1$ と直線 $y=2x+n$ が接するとき，定数 $n$ の値を求めよ。

◆円と直線の位置関係（円の中心と直線の距離の利用）

**75a** 円 $x^2+y^2=r^2$ と直線 $x+y+4=0$ が接するとき，$r$ の値を求めよ。

**75b** 円 $x^2+y^2=r^2$ と直線 $2x-y+5=0$ が異なる2点で交わるとき，$r$ の値の範囲を求めよ。

**26** 円の接線の方程式

例 26 **円上の点における接線の方程式**

次の円上の点 P における接線の方程式を求めよ。

(1) $x^2+y^2=2$, 点 P$(1, -1)$

(2) $x^2+y^2=36$, 点 P$(0, 6)$

ポイント！

円上の点における接線の方程式を求める場合は，公式を利用する。

(解) (1) $1 \cdot x + (-1)y = 2$

すなわち $x-y=2$

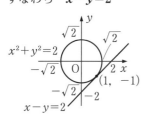

(2) $0 \cdot x + 6y = 36$

すなわち $y=6$

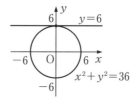

◆ **円上の点における接線の方程式**

**76a** 次の円上の点 P における接線の方程式を求めよ。

(1) $x^2+y^2=13$, P$(2, 3)$

**76b** 次の円上の点 P における接線の方程式を求めよ。

(1) $x^2+y^2=25$, P$(3, -4)$

(2) $x^2+y^2=5$, P$(-2, 1)$

(2) $x^2+y^2=8$, P$(-2, -2)$

(3) $x^2+y^2=25$, P$(5, 0)$

(3) $x^2+y^2=7$, P$(0, \sqrt{7})$

基本
事項 円の接線の方程式

円 $x^2+y^2=r^2$ 上の点 P$(x_1, y_1)$ における接線の方程式は　　$x_1 x + y_1 y = r^2$

**77a** 点 A$(3, \ -1)$ から, 円 $x^2+y^2=5$ に引いた接線の方程式を求めよ。

**77b** 点 A$(-5, \ -1)$ から, 円 $x^2+y^2=13$ に引いた接線の方程式を求めよ。

---

**ヒント** **77** 接点の座標を P$(x_1, \ y_1)$ とおき, 次の 2 つのことを用いて, $x_1, \ y_1$ の連立方程式をたてる。

・接線は点Aを通る ・点Pは円上にある

53

## 27　軌跡と方程式

**例 27**　2点からの距離の比が一定の点の軌跡

2点 A$(-2, 0)$，B$(6, 0)$ について，AP：BP＝3：1を満たす
点Pの軌跡を求めよ。

**ポイント！**

P$(x, y)$ とおいて，与えられた
条件を$x$，$y$の方程式で表す。

**（解）**　点Pの座標を $(x, y)$ とおく。

AP：BP＝3：1から　AP＝3BP

すなわち　AP$^2$＝9BP$^2$

これから　$(x+2)^2+y^2=9\{(x-6)^2+y^2\}$

整理すると　$x^2-14x+y^2+40=0$

すなわち　$(x-7)^2+y^2=9$

よって，点Pの軌跡は，中心 $(7, 0)$，半径3の円である。

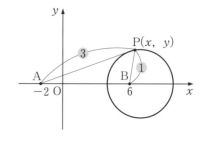

◆ **2点から等距離にある点の軌跡**

**78a**　2点 A$(3, 0)$，B$(0, 2)$ から等距離に
ある点Pの軌跡を求めよ。

**78b**　2点 A$(3, 1)$，B$(1, -2)$ から等距離
にある点Pの軌跡を求めよ。

◆ **2点からの距離の比が一定の点の軌跡**

**79a**　2点 A$(-2, 0)$，B$(4, 0)$ について，
AP：BP＝1：2を満たす点Pの軌跡を求めよ。

**79b**　2点 A$(0, -1)$，B$(0, 2)$ について，
AP：BP＝2：1を満たす点Pの軌跡を求めよ。

### ◆ともなって動く点の軌跡

**80a** 点Qが円 $x^2+y^2=4$ 上を動くとき，点 $A(4, 0)$ と点Qを結ぶ線分 AQ の中点Pの軌跡を求めよ。

**80b** 点Qが円 $x^2+y^2=16$ 上を動くとき，点 $A(-2, 0)$ と点Qを結ぶ線分 AQ の中点Pの軌跡を求めよ。

---

**ヒント 80** 点 $P(x, y)$，点 $Q(s, t)$ とおき，次の2つの条件から $s$，$t$ を消去して，$x$，$y$ だけの関係式を導く。
・点Qは円上にある。　　・点Pは線分 AQ の中点である。

# 28 不等式の表す領域

### 例 28 直線と領域

不等式 $2x-y+1 \geqq 0$ の表す領域を図示せよ。

**ポイント！**

左辺が $y$ の形になるように変形して考える。

**(解)** $2x-y+1 \geqq 0$ を変形すると

$$y \leqq 2x+1$$

よって，求める領域は，直線 $y=2x+1$
およびその下側である。
したがって，右の図の斜線部分である。
ただし，境界線を含む。

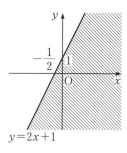

← 直線 $y=2x+1$ が境界線になる。

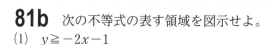

← 等号がある場合は，境界線を含む。

◆ 直線と領域

## 81a 次の不等式の表す領域を図示せよ。

(1) $y > 2x+6$

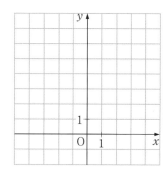

(2) $3x+2y-6 < 0$

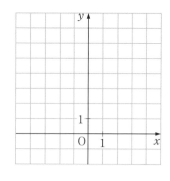

## 81b 次の不等式の表す領域を図示せよ。

(1) $y \geqq -2x-1$

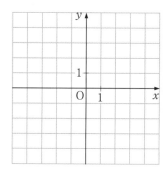

(2) $2x-3y-4 \leqq 0$

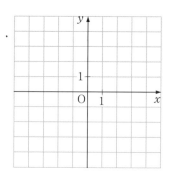

**基本事項**

(1) 直線と領域

直線 $y=mx+n$ を $\ell$ とする。

$y > mx+n$ の表す領域は，直線 $\ell$ の上側
$y < mx+n$ の表す領域は，直線 $\ell$ の下側

(2) 円と領域

円 $(x-a)^2+(y-b)^2=r^2$ を $C$ とする。

$(x-a)^2+(y-b)^2 < r^2$ の表す領域は，円 $C$ の内部
$(x-a)^2+(y-b)^2 > r^2$ の表す領域は，円 $C$ の外部

◆直線と領域

**82a** 不等式 $x<1$ の表す領域を図示せよ。

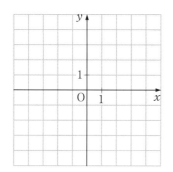

**82b** 不等式 $y+1>0$ の表す領域を図示せよ。

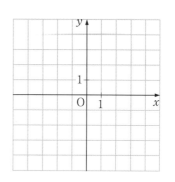

◆円と領域

**83a** 次の不等式の表す領域を図示せよ。

(1) $x^2+y^2\geqq4$

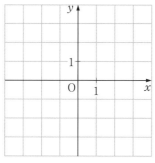

(2) $x^2+y^2-2x<0$

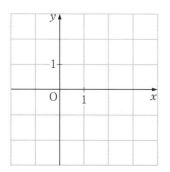

**83b** 次の不等式の表す領域を図示せよ。

(1) $x^2+(y+1)^2<1$

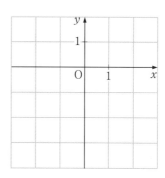

(2) $x^2+y^2+4y-5\geqq0$

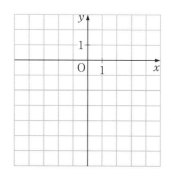

**例 29** 連立不等式の表す領域

次の連立不等式の表す領域を図示せよ。

$$\begin{cases} y < -2x & \cdots\cdots① \\ y > x+2 & \cdots\cdots② \end{cases}$$

**ポイント!**

それぞれの不等式の表す領域の
共通部分を求める。

**(解)** 不等式①の表す領域は，

直線 $y=-2x$ の下側である。

不等式②の表す領域は，

直線 $y=x+2$ の上側である。

よって，連立不等式の表す領域

は，右の図の斜線部分である。

ただし，境界線を含まない。

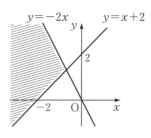

**◆連立不等式の表す領域**

**84a** 次の連立不等式の表す領域を図示せ
よ。

$$\begin{cases} y < -2x \\ y > x+2 \end{cases}$$

**84b** 次の連立不等式の表す領域を図示せ
よ。

$$\begin{cases} x-y+2 \leqq 0 \\ x+y-2 \geqq 0 \end{cases}$$

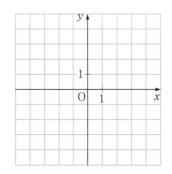

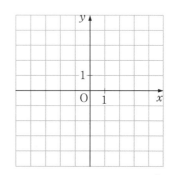

**85a** 次の連立不等式の表す領域を図示せよ。

(1) $\begin{cases} y \leqq x+2 \\ x^2+y^2 \leqq 16 \end{cases}$

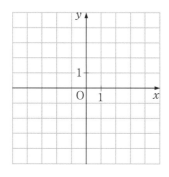

(2) $\begin{cases} x^2+y^2 > 1 \\ x^2+y^2 < 9 \end{cases}$

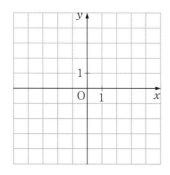

**85b** 次の連立不等式の表す領域を図示せよ。

(1) $\begin{cases} x-2y+5 > 0 \\ x^2+y^2 > 25 \end{cases}$

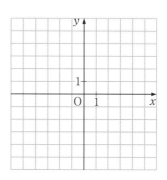

(2) $\begin{cases} x^2+y^2 \leqq 4 \\ (x-2)^2+y^2 \leqq 1 \end{cases}$

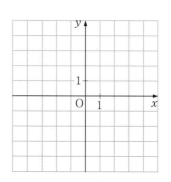

**30** 　**一般角，弧度法**

 **30** 　**度数法と弧度法**

(1)　315° を弧度法で表せ。

(2)　$\dfrac{7}{6}\pi$ を度で表せ。

 **ポイント**

(1)　$1° = \dfrac{\pi}{180}$ ラジアン

(2)　$1$ ラジアン $= \dfrac{180°}{\pi}$

であることを利用する。

(解)　(1)　$315° = 315 \times \dfrac{\pi}{180} = \dfrac{7}{4}\pi$

(2)　$\dfrac{7}{6}\pi = \dfrac{7}{6}\pi \times \dfrac{180°}{\pi} = 210°$

← $\pi$ ラジアンは180° であることを利用して
$$\dfrac{7}{6}\pi = \dfrac{7}{6} \times 180° = 210°$$
と考えてもよい。

◆ **角の図示**

**86a** 次の角を図示せよ。

(1)　300°

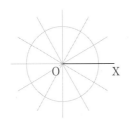

**86b** 次の角を図示せよ。

(1)　420°

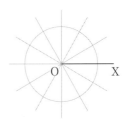

(2)　$-210°$

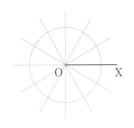

(2)　$-450°$

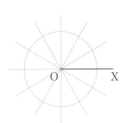

**基本事項**

(1)　度数法と弧度法の関係

$1° = \dfrac{\pi}{180}$ ラジアン

$1$ ラジアン $= \dfrac{180°}{\pi}$

$180° = \pi$ ラジアン

$90° = \dfrac{\pi}{2}$ 　　$60° = \dfrac{\pi}{3}$ 　　$45° = \dfrac{\pi}{4}$ 　　$30° = \dfrac{\pi}{6}$

(2)　扇形の弧の長さと面積

半径 $r$，中心角 $\theta$ の扇形の弧の長さを $\ell$，面積を $S$ とすると　　$\ell = r\theta$, 　$S = \dfrac{1}{2}r^2\theta = \dfrac{1}{2}r\ell$

◆ 度数法と弧度法

**87a** 次の角を弧度法で表せ。

(1) $50°$

(2) $320°$

(3) $-60°$

**87b** 次の角を弧度法で表せ。

(1) $72°$

(2) $-210°$

(3) $900°$

◆ 度数法と弧度法

**88a** 次の角を度で表せ。

(1) $\dfrac{4}{3}\pi$

(2) $-\dfrac{3}{4}\pi$

(3) $\dfrac{7}{2}\pi$

**88b** 次の角を度で表せ。

(1) $-\dfrac{\pi}{6}$

(2) $\dfrac{13}{6}\pi$

(3) $-3\pi$

◆ 扇形の弧の長さと面積

**89a** 半径 $6$，中心角 $\dfrac{\pi}{3}$ の扇形の弧の長さ $\ell$ と面積 $S$ を求めよ。

**89b** 半径 $12$，中心角 $\dfrac{\pi}{6}$ の扇形の弧の長さ $\ell$ と面積 $S$ を求めよ。

# 31　三角関数(1)

**例 31**　三角関数の相互関係

$\theta$ が第 4 象限の角で，$\sin\theta=-\dfrac{4}{5}$ のとき，$\cos\theta$ と $\tan\theta$ の値
を求めよ。

**ポイント！**

まず，$\sin^2\theta+\cos^2\theta=1$ を利用
して，$\cos\theta$ の値を求める。こ
のとき，符号に注意する。

**(解)**　$\sin^2\theta+\cos^2\theta=1$ から

$$\cos^2\theta=1-\sin^2\theta=1-\left(-\frac{4}{5}\right)^2=\frac{9}{25}$$

$\theta$ が第 4 象限の角であるから　$\cos\theta>0$

よって　$\cos\theta=\sqrt{\dfrac{9}{25}}=\dfrac{3}{5}$

また　$\tan\theta=\dfrac{\sin\theta}{\cos\theta}=\left(-\dfrac{4}{5}\right)\div\dfrac{3}{5}=\left(-\dfrac{4}{5}\right)\times\dfrac{5}{3}=-\dfrac{4}{3}$

← $\theta$ が第 4 象限の角

◆ 三角関数の値

**90a**　$\theta=\dfrac{7}{4}\pi$ のとき，$\sin\theta$，$\cos\theta$，$\tan\theta$ の
値を求めよ。

**90b**　$\theta=-\dfrac{7}{6}\pi$ のとき，$\sin\theta$，$\cos\theta$，$\tan\theta$
の値を求めよ。

 (1)　三角関数の定義

$\sin\theta=\dfrac{y}{r}$

$\cos\theta=\dfrac{x}{r}$

$\tan\theta=\dfrac{y}{x}$

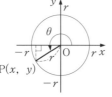

(2)　三角関数の値の符号

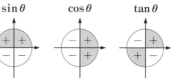

(3)　三角関数の相互関係

$$\sin^2\theta+\cos^2\theta=1 \qquad \tan\theta=\frac{\sin\theta}{\cos\theta} \qquad 1+\tan^2\theta=\frac{1}{\cos^2\theta}$$

**91a** $\theta$ が第 4 象限の角で，$\sin\theta = -\dfrac{5}{13}$ のとき，$\cos\theta$ と $\tan\theta$ の値を求めよ。

**91b** $\theta$ が第 4 象限の角で，$\cos\theta = \dfrac{4}{5}$ のとき，$\sin\theta$ と $\tan\theta$ の値を求めよ。

◆三角関数の相互関係

**92a** $\theta$ が第 2 象限の角で，$\tan\theta = -\dfrac{4}{3}$ のとき，$\cos\theta$ と $\sin\theta$ の値を求めよ。

**92b** $\theta$ が第 3 象限の角で，$\tan\theta = \dfrac{5}{12}$ のとき，$\cos\theta$ と $\sin\theta$ の値を求めよ。

### 例 32 三角関数の相互関係

$\sin\theta+\cos\theta=\dfrac{1}{2}$ のとき，$\sin\theta\cos\theta$ の値を求めよ。

**ポイント!**

与えられた等式の両辺を 2 乗して，$\sin^2\theta+\cos^2\theta=1$ を利用する。

**(解)** $\sin\theta+\cos\theta=\dfrac{1}{2}$ の両辺を 2 乗すると

$$\sin^2\theta+2\sin\theta\cos\theta+\cos^2\theta=\frac{1}{4}$$

← $(\sin\theta+\cos\theta)^2=\left(\dfrac{1}{2}\right)^2$

$\sin^2\theta+\cos^2\theta=1$ から $1+2\sin\theta\cos\theta=\dfrac{1}{4}$

よって $\sin\theta\cos\theta=\dfrac{1}{2}\left(\dfrac{1}{4}-1\right)=-\dfrac{3}{8}$

◆ 等式の証明

**93a** 次の等式を証明せよ。

$(\sin\theta-2\cos\theta)^2+(2\sin\theta+\cos\theta)^2=5$

**93b** 次の等式を証明せよ。

$\tan^2\theta-\sin^2\theta=\tan^2\theta\sin^2\theta$

◆ 三角関数の相互関係

**94a** $\sin\theta+\cos\theta=\dfrac{1}{3}$ のとき，$\sin\theta\cos\theta$ の値を求めよ。

**94b** $\sin\theta-\cos\theta=-\dfrac{1}{2}$ のとき，$\sin\theta\cos\theta$ の値を求めよ。

**基本事項** 三角関数の性質

① $\sin(\theta+2n\pi)=\sin\theta$ $\qquad\cos(\theta+2n\pi)=\cos\theta$ $\qquad\tan(\theta+2n\pi)=\tan\theta$ $\qquad$ ただし，$n$ は整数

② $\sin(-\theta)=-\sin\theta$ $\qquad\cos(-\theta)=\cos\theta$ $\qquad\tan(-\theta)=-\tan\theta$

③ $\sin(\theta+\pi)=-\sin\theta$ $\qquad\cos(\theta+\pi)=-\cos\theta$ $\qquad\tan(\theta+\pi)=\tan\theta$

④ $\sin\left(\theta+\dfrac{\pi}{2}\right)=\cos\theta$ $\qquad\cos\left(\theta+\dfrac{\pi}{2}\right)=-\sin\theta$ $\qquad\tan\left(\theta+\dfrac{\pi}{2}\right)=-\dfrac{1}{\tan\theta}$

◆三角関数の性質

**95a** 次の三角関数の値を求めよ。

(1) $\cos\dfrac{7}{3}\pi$

(2) $\sin\left(-\dfrac{\pi}{4}\right)$

(3) $\tan\dfrac{5}{4}\pi$

(4) $\cos\left(-\dfrac{11}{6}\pi\right)$

**95b** 次の三角関数の値を求めよ。

(1) $\sin\dfrac{9}{2}\pi$

(2) $\tan\left(-\dfrac{5}{6}\pi\right)$

(3) $\cos\dfrac{4}{3}\pi$

(4) $\sin\left(-\dfrac{11}{4}\pi\right)$

◆$\theta+\dfrac{\pi}{2}$ の三角関数

**96a** $0<\theta<\dfrac{\pi}{2}$ のとき，次の等式を満たす

角 $\theta$ を求めよ。

$$\sin\dfrac{5}{8}\pi=\cos\theta$$

**96b** $0<\theta<\dfrac{\pi}{2}$ のとき，次の等式を満たす

角 $\theta$ を求めよ。

$$\cos\dfrac{7}{12}\pi=-\sin\theta$$

**例 33** グラフの拡大・縮小

$y=\sin\theta$ のグラフをもとに，次の関数のグラフをかけ。

(1) $y=3\sin\theta$ (2) $y=\sin 3\theta$

**ポイント！**

$y=\sin\theta$ のグラフを $y$ 軸方向，あるいは $\theta$ 軸方向にどのように拡大・縮小したものかを考える。

**（解）**

(1) $y=3\sin\theta$ のグラフは，$y=\sin\theta$ のグラフを $\theta$ 軸を基準として $y$ 軸方向に $3$ 倍に拡大したもので，周期は $y=\sin\theta$ と等しく $2\pi$ である。

したがって，グラフは右のようになる。

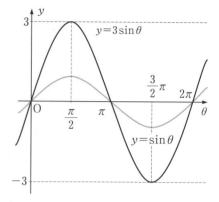

(2) $y=\sin 3\theta$ のグラフは，$y=\sin\theta$ のグラフを $y$ 軸を基準として $\theta$ 軸方向に $\dfrac{1}{3}$ 倍に縮小したもので，周期は $2\pi\times\dfrac{1}{3}=\dfrac{2}{3}\pi$ である。

したがって，グラフは右のようになる。

← たとえば，$\theta=\dfrac{\pi}{6}$ の $\sin 3\theta$ の値は，$y=\sin\theta$ のグラフで $\theta=\dfrac{\pi}{2}$ に対する $y$ の値 $1$ である。

◆グラフの平行移動

**97a** $y=\sin\theta$ のグラフをもとに，

$y=\sin\left(\theta-\dfrac{\pi}{4}\right)$ のグラフをかけ。

**97b** $y=\cos\theta$ のグラフをもとに，

$y=\cos\left(\theta+\dfrac{\pi}{6}\right)$ のグラフをかけ。

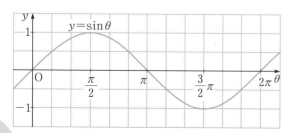

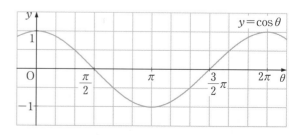

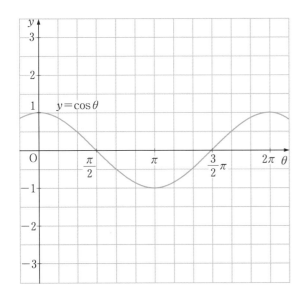

◆三角関数のグラフ

**98a** $y=\cos\theta$ のグラフをもとに，
$y=3\cos\theta$ のグラフをかけ。
また，その周期を答えよ。

**98b** $y=\sin\theta$ のグラフをもとに，

$y=\dfrac{1}{2}\sin\theta$ のグラフをかけ。

また，その周期を答えよ。

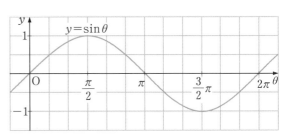

**99a** $y=\cos\theta$ のグラフをもとに，$y=\cos 3\theta$ のグラフをかけ。また，その周期を答えよ。

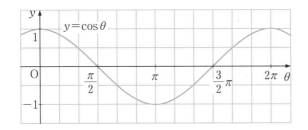

**99b** $y=\cos\theta$ のグラフをもとに，$y=\cos\dfrac{\theta}{2}$ のグラフをかけ。また，その周期を答えよ。

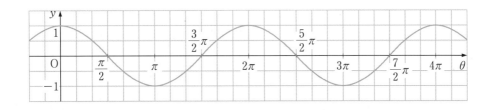

**例 34** 三角関数を含む方程式・不等式

$0 \leqq \theta < 2\pi$ のとき，次の方程式，不等式を解け。

(1)　$\sin\theta = \dfrac{1}{\sqrt{2}}$　　　　(2)　$\cos\theta < \dfrac{1}{2}$

**ポイント！**

(1)　単位円と直線 $y = \dfrac{1}{\sqrt{2}}$ と

の交点を考える。

(2)　単位円と直線 $x = \dfrac{1}{2}$ との

交点を考える。

**(解)**　(1)　右の図のように，単位円と直線

$y = \dfrac{1}{\sqrt{2}}$ との交点を P，P′ とすると，

動径 OP，OP′ の表す角が求める $\theta$ の

値である。

$0 \leqq \theta < 2\pi$ の範囲で考えると

$$\theta = \dfrac{\pi}{4}, \ \dfrac{3}{4}\pi$$

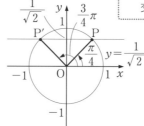

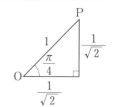

(2)　右の図のように，単位円と直線

$x = \dfrac{1}{2}$ との交点を P，P′ とする。

動径 OP，OP′ の表す角を $\theta$ とし，

$0 \leqq \theta < 2\pi$ の範囲で考えると

$$\theta = \dfrac{\pi}{3}, \ \dfrac{5}{3}\pi$$

よって，$\cos\theta < \dfrac{1}{2}$ を満たす $\theta$ の値の範囲は　$\dfrac{\pi}{3} < \theta < \dfrac{5}{3}\pi$

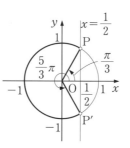

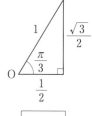

◆ 三角関数を含む方程式

**100a**　$0 \leqq \theta < 2\pi$ のとき，方程式

$\sin\theta = -\dfrac{\sqrt{3}}{2}$ を解け。

**100b**　$0 \leqq \theta < 2\pi$ のとき，方程式

$\cos\theta = \dfrac{1}{\sqrt{2}}$ を解け。

◆三角関数を含む不等式

**101a** $0\leqq\theta<2\pi$ のとき, 不等式 $\sin\theta>\dfrac{1}{2}$ を解け。

**101b** $0\leqq\theta<2\pi$ のとき, 不等式 $\cos\theta<-\dfrac{\sqrt{3}}{2}$ を解け。

◆$\tan\theta$ を含む方程式・不等式

**102a** $0\leqq\theta<2\pi$ のとき, 次の方程式, 不等式を解け。
(1) $\tan\theta=-1$

**102b** $0\leqq\theta<2\pi$ のとき, 次の方程式, 不等式を解け。
(1) $\tan\theta=-\sqrt{3}$

(2) $\tan\theta\leqq1$

(2) $\tan\theta>-\dfrac{1}{\sqrt{3}}$

# 35 三角関数の加法定理

**例 35** 加法定理の利用

$\alpha$ は第 2 象限の角，$\beta$ は第 1 象限の角で，$\sin\alpha=\dfrac{4}{5}$，$\cos\beta=\dfrac{5}{13}$

のとき，$\sin(\alpha+\beta)$ の値を求めよ。

**ポイント！**

三角関数の相互関係を用いて，$\cos\alpha$，$\sin\beta$ の値を求める。このとき，$\cos\alpha$，$\sin\beta$ の符号に注意する。

**(解)** $\cos^2\alpha=1-\sin^2\alpha=1-\left(\dfrac{4}{5}\right)^2=\dfrac{9}{25}$

$\alpha$ は第 2 象限の角であるから $\cos\alpha<0$ よって $\cos\alpha=-\sqrt{\dfrac{9}{25}}=-\dfrac{3}{5}$

$\sin^2\beta=1-\cos^2\beta=1-\left(\dfrac{5}{13}\right)^2=\dfrac{144}{169}$

$\beta$ は第 1 象限の角であるから $\sin\beta>0$ よって $\sin\beta=\sqrt{\dfrac{144}{169}}=\dfrac{12}{13}$

したがって，加法定理により $\sin(\alpha+\beta)=\sin\alpha\cos\beta+\cos\alpha\sin\beta=\dfrac{4}{5}\cdot\dfrac{5}{13}+\left(-\dfrac{3}{5}\right)\cdot\dfrac{12}{13}=-\dfrac{16}{65}$

◆三角関数の加法定理

**103a** $195°=135°+60°$ を用いて，次の三角関数の値を求めよ。

(1) $\sin 195°$

(2) $\cos 195°$

(3) $\tan 195°$

**103b** $-15°=30°-45°$ を用いて，次の三角関数の値を求めよ。

(1) $\sin(-15°)$

(2) $\cos(-15°)$

(3) $\tan(-15°)$

三角関数の加法定理

① $\sin(\alpha+\beta)=\sin\alpha\cos\beta+\cos\alpha\sin\beta$ $\qquad \sin(\alpha-\beta)=\sin\alpha\cos\beta-\cos\alpha\sin\beta$

② $\cos(\alpha+\beta)=\cos\alpha\cos\beta-\sin\alpha\sin\beta$ $\qquad \cos(\alpha-\beta)=\cos\alpha\cos\beta+\sin\alpha\sin\beta$

③ $\tan(\alpha+\beta)=\dfrac{\tan\alpha+\tan\beta}{1-\tan\alpha\tan\beta}$ $\qquad \tan(\alpha-\beta)=\dfrac{\tan\alpha-\tan\beta}{1+\tan\alpha\tan\beta}$

◆ 加法定理の利用

**104a** $\alpha$, $\beta$ はともに第 2 象限の角で、$\sin\alpha=\dfrac{4}{5}$, $\cos\beta=-\dfrac{12}{13}$ のとき、次の値を求めよ。

(1) $\cos\alpha$

(2) $\sin\beta$

(3) $\sin(\alpha+\beta)$

(4) $\cos(\alpha+\beta)$

**104b** $\alpha$ は第 3 象限の角、$\beta$ は第 4 象限の角で、$\sin\alpha=-\dfrac{1}{3}$, $\cos\beta=\dfrac{5}{13}$ のとき、次の値を求めよ。

(1) $\cos\alpha$

(2) $\sin\beta$

(3) $\sin(\alpha-\beta)$

(4) $\cos(\alpha-\beta)$

**例 36** 2倍角の公式

$\alpha$ が第2象限の角で，$\sin\alpha = \dfrac{4}{5}$ のとき，$\sin 2\alpha$，$\cos 2\alpha$，

$\tan 2\alpha$ の値を求めよ。

ポイント！

三角関数の相互関係を利用して，$\cos\alpha$ の値を求め，2倍角の公式を利用する。

**解** $\sin^2\alpha + \cos^2\alpha = 1$ から $\cos^2\alpha = 1 - \sin^2\alpha$

$\alpha$ は第2象限の角であるから $\cos\alpha < 0$

よって $\cos\alpha = -\sqrt{1-\sin^2\alpha} = -\sqrt{1-\left(\dfrac{4}{5}\right)^2} = -\sqrt{\dfrac{9}{25}} = -\dfrac{3}{5}$

したがって，2倍角の公式により

$$\boldsymbol{\sin 2\alpha} = 2\sin\alpha\cos\alpha = 2\cdot\dfrac{4}{5}\cdot\left(-\dfrac{3}{5}\right) = -\dfrac{24}{25}$$

$$\boldsymbol{\cos 2\alpha} = 1 - 2\sin^2\alpha = 1 - 2\cdot\left(\dfrac{4}{5}\right)^2 = -\dfrac{7}{25}$$

また $\boldsymbol{\tan 2\alpha} = \dfrac{\sin 2\alpha}{\cos 2\alpha} = \left(-\dfrac{24}{25}\right)\div\left(-\dfrac{7}{25}\right) = \dfrac{24}{7}$

$\leftarrow \cos 2\alpha = 2\cos^2\alpha - 1$
$= 2\cdot\left(-\dfrac{3}{5}\right)^2 - 1 = -\dfrac{7}{25}$
としてもよい。

◆ **2倍角の公式**

**105a** $\alpha$ が第3象限の角で，$\sin\alpha = -\dfrac{3}{5}$

のとき，次の値を求めよ。

(1) $\sin 2\alpha$

**105b** $\alpha$ が第4象限の角で，$\cos\alpha = \dfrac{12}{13}$

のとき，次の値を求めよ。

(1) $\sin 2\alpha$

(2) $\cos 2\alpha$

(2) $\cos 2\alpha$

(3) $\tan 2\alpha$

(3) $\tan 2\alpha$

**基本事項** (1) **2倍角の公式**
$\sin 2\alpha = 2\sin\alpha\cos\alpha$
$\cos 2\alpha = \cos^2\alpha - \sin^2\alpha = 2\cos^2\alpha - 1 = 1 - 2\sin^2\alpha$
$\tan 2\alpha = \dfrac{2\tan\alpha}{1-\tan^2\alpha}$

(2) **半角の公式**
$\sin^2\dfrac{\alpha}{2} = \dfrac{1-\cos\alpha}{2}$，$\cos^2\dfrac{\alpha}{2} = \dfrac{1+\cos\alpha}{2}$，

$\tan^2\dfrac{\alpha}{2} = \dfrac{1-\cos\alpha}{1+\cos\alpha}$

### ◆2θの三角関数を含む方程式

**106a** $0 \leqq \theta < 2\pi$ のとき，方程式
$\cos 2\theta + \cos\theta + 1 = 0$ を解け。

**106b** $0 \leqq \theta < 2\pi$ のとき，方程式
$\sin 2\theta = -\sin\theta$ を解け。

### ◆半角の公式

**107a** 次の値を求めよ。

(1) $\sin\dfrac{\pi}{12}$

**107b** 次の値を求めよ。

(1) $\sin\dfrac{5}{8}\pi$

(2) $\cos\dfrac{3}{8}\pi$

(2) $\tan\dfrac{\pi}{8}$

---

**ヒント 106** 2倍角の公式を利用して，$\cos\theta$ や $\sin\theta$ だけを含む方程式に変形する。

例 **37** 最大値・最小値

関数 $y=\sin\theta+\sqrt{3}\cos\theta$ の最大値と最小値を求めよ。

ポイント！
右辺を $r\sin(\theta+\alpha)$ の形に変形
し，$-1\leqq\sin(\theta+\alpha)\leqq1$ である
ことを利用する。

解 右辺を変形して $y=\sin\theta+\sqrt{3}\cos\theta=2\sin\left(\theta+\dfrac{\pi}{3}\right)$

ここで，$-1\leqq\sin\left(\theta+\dfrac{\pi}{3}\right)\leqq1$ であるから

$$-2\leqq2\sin\left(\theta+\dfrac{\pi}{3}\right)\leqq2$$

したがって，最大値は **2**，最小値は **−2**

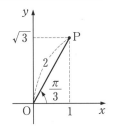

◆三角関数の合成

**108a** 次の式を，$r\sin(\theta+\alpha)$ の形に変形
せよ。ただし，$r>0$，$-\pi\leqq\alpha<\pi$ とする。

(1) $3\sin\theta+\sqrt{3}\cos\theta$

(2) $2\sin\theta-2\cos\theta$

**108b** 次の式を $r\sin(\theta+\alpha)$ の形に変形せ
よ。ただし，$r>0$，$-\pi\leqq\alpha<\pi$ とする。

(1) $\sqrt{3}\sin\theta+3\cos\theta$

(2) $-\sin\theta-\sqrt{3}\cos\theta$

三角関数の合成

$a\sin\theta+b\cos\theta=\sqrt{a^2+b^2}\sin(\theta+\alpha)$

ただし $\cos\alpha=\dfrac{a}{\sqrt{a^2+b^2}}$，$\sin\alpha=\dfrac{b}{\sqrt{a^2+b^2}}$

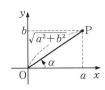

◆ 最大値・最小値

**109a** 次の関数の最大値と最小値を求めよ。

(1) $y = \sqrt{3}\sin\theta - \cos\theta$

(2) $y = -\sin\theta + \sqrt{3}\cos\theta$

**109b** 次の関数の最大値と最小値を求めよ。

(1) $y = \sqrt{3}\sin\theta - 3\cos\theta$

(2) $y = -\sin\theta - \cos\theta$

**例 38** 累乗根の計算

次の計算をせよ。

(1) $\sqrt[4]{2} \times \sqrt[4]{8}$　　　　(2) $\dfrac{\sqrt[3]{40}}{\sqrt[3]{5}}$

> **ポイント！**
> 累乗根の性質を利用して，$\sqrt[n]{a^n}$ の形に変形する。

**(解)** (1) $\sqrt[4]{2} \times \sqrt[4]{8} = \sqrt[4]{2 \times 8} = \sqrt[4]{2^4} = \mathbf{2}$

(2) $\dfrac{\sqrt[3]{40}}{\sqrt[3]{5}} = \sqrt[3]{\dfrac{40}{5}} = \sqrt[3]{8} = \sqrt[3]{2^3} = \mathbf{2}$

$\leftarrow 2 \times 8 = 2 \times 2^3 = 2^4$

◆ **0 の指数，負の整数の指数**

**110a** 次の値を求めよ。

(1) $5^0$

(2) $3^{-1}$

**110b** 次の値を求めよ。

(1) $8^0$

(2) $2^{-4}$

◆ **指数法則**

**111a** 次の計算をせよ。ただし，$a \neq 0$，$b \neq 0$ とする。

(1) $a^2 \times a^{-3}$

(2) $a^{-3} \div a^{-4}$

(3) $(a^2)^{-3}$

(4) $(a^{-3}b^2)^{-2}$

**111b** 次の計算をせよ。ただし，$a \neq 0$，$b \neq 0$ とする。

(1) $a^{-2} \times a^3$

(2) $a^{-2} \div a^{-4}$

(3) $(a^{-3})^{-2}$

(4) $(a^2b^{-1})^{-3}$

**基本事項**

(1) **0 の指数，負の整数の指数**　　$a \neq 0$ で，$n$ が正の整数のとき　　$a^0 = 1$，　$a^{-n} = \dfrac{1}{a^n}$

(2) **指数法則**　　$a \neq 0$，$b \neq 0$ で，$m$，$n$ が整数のとき
① $a^m \times a^n = a^{m+n}$　　② $a^m \div a^n = a^{m-n}$　　③ $(a^m)^n = a^{mn}$　　④ $(ab)^n = a^n b^n$

(3) **累乗根の性質**　　$a > 0$，$b > 0$ で，$m$，$n$ が正の整数のとき
① $\sqrt[n]{a}\sqrt[n]{b} = \sqrt[n]{ab}$　　② $\dfrac{\sqrt[n]{a}}{\sqrt[n]{b}} = \sqrt[n]{\dfrac{a}{b}}$　　③ $(\sqrt[n]{a})^m = \sqrt[n]{a^m}$　　④ $\sqrt[m]{\sqrt[n]{a}} = \sqrt[mn]{a}$

◆ 累乗根

**112a** 次の値を求めよ。

(1) $\sqrt[3]{8}$

(2) $\sqrt[4]{10000}$

**112b** 次の値を求めよ。

(1) $\sqrt[3]{-27}$

(2) $\sqrt[6]{64}$

◆ 累乗根の計算

**113a** 次の計算をせよ。

(1) $\sqrt[4]{4} \times \sqrt[4]{64}$

(2) $\dfrac{\sqrt[3]{192}}{\sqrt[3]{3}}$

(3) $(\sqrt[5]{3})^3$

(4) $\sqrt[3]{\sqrt{2}}$

**113b** 次の計算をせよ。

(1) $\sqrt[3]{5} \times \sqrt[3]{25}$

(2) $\dfrac{\sqrt[5]{128}}{\sqrt[5]{4}}$

(3) $(\sqrt[4]{25})^2$

(4) $\sqrt[4]{\sqrt[3]{5}}$

**例 39** 指数法則

次の計算をせよ。

(1) $9^{\frac{1}{4}} \times 9^{\frac{1}{3}} \div 9^{\frac{1}{12}}$　　　　(2) $\sqrt[6]{8} \div \sqrt[4]{4}$

**ポイント！**

(2) $a^p$ の形になおす。

**(解)** (1) $9^{\frac{1}{4}} \times 9^{\frac{1}{3}} \div 9^{\frac{1}{12}} = 9^{\frac{1}{4}+\frac{1}{3}-\frac{1}{12}} = 9^{\frac{3+4-1}{12}} = 9^{\frac{1}{2}} = (3^2)^{\frac{1}{2}} = 3^1 = \mathbf{3}$

(2) $\sqrt[6]{8} \div \sqrt[4]{4} = \sqrt[6]{2^3} \div \sqrt[4]{2^2} = 2^{\frac{1}{2}} \div 2^{\frac{1}{2}} = \mathbf{1}$

◆ 有理数の指数

**114a** 次の数を根号を用いて表せ。

(1) $7^{\frac{3}{4}}$

(2) $3^{\frac{1}{4}}$

(3) $6^{-\frac{2}{3}}$

**114b** 次の数を根号を用いて表せ。

(1) $3^{\frac{4}{5}}$

(2) $5^{\frac{1}{7}}$

(3) $3^{-\frac{1}{2}}$

◆ 有理数の指数

**115a** 次の式を $a^{\frac{m}{n}}$ の形になおせ。ただし，$a>0$ とする。

(1) $\sqrt[3]{a^7}$

(2) $\sqrt{a^5}$

**115b** 次の式を $a^{\frac{m}{n}}$ の形になおせ。ただし，$a>0$ とする。

(1) $\sqrt[3]{a^2}$

(2) $\dfrac{1}{\sqrt[4]{a^3}}$

**基本事項**

(1) 有理数の指数

$a>0$ で，$m$，$n$ を正の整数，$r$ を正の有理数とするとき　　$a^{\frac{m}{n}} = \sqrt[n]{a^m} = (\sqrt[n]{a})^m$

とくに　　$a^{\frac{1}{n}} = \sqrt[n]{a}$，　$a^{-r} = \dfrac{1}{a^r}$

(2) 指数法則

$a>0$，$b>0$ で，$r$，$s$ が有理数のとき　$a^r \times a^s = a^{r+s}$，　$a^r \div a^s = a^{r-s}$，　$(a^r)^s = a^{rs}$，　$(ab)^r = a^r b^r$

◆ 指数法則

**116a** 次の計算をせよ。

(1) $2^{\frac{3}{4}} \times 2^{\frac{5}{4}}$

(2) $3^{\frac{5}{6}} \div 3^{\frac{1}{3}}$

(3) $27^{\frac{2}{3}}$

**116b** 次の計算をせよ。

(1) $7^{\frac{5}{3}} \times 7^{-\frac{2}{3}}$

(2) $2^{\frac{1}{2}} \div 2^{-\frac{7}{2}}$

(3) $16^{-\frac{1}{4}}$

◆ 累乗根の計算

**117a** 次の計算をせよ。

(1) $\sqrt[4]{27} \times \sqrt[8]{9}$

(2) $\sqrt{5} \div \sqrt[6]{5} \times \sqrt[3]{5^5}$

**117b** 次の計算をせよ。

(1) $\sqrt[4]{9} \times \sqrt{27}$

(2) $\sqrt[6]{32} \times \sqrt{2} \div \sqrt[3]{2}$

# 40 指数関数の性質の利用

**例 40** 指数関数を含む方程式・不等式

次の方程式，不等式を解け。

(1) $8^x = 32$      (2) $\left(\dfrac{1}{3}\right)^x > 27$

**ポイント！**

(1) 両辺の底をそろえて，指数を比べる。

(2) 底の値に注意して，指数の大小を比べる。

**解** (1) $8^x = (2^3)^x = 2^{3x}$, $32 = 2^5$ であるから $2^{3x} = 2^5$

指数を比べて $3x = 5$     よって $x = \dfrac{5}{3}$

(2) $\left(\dfrac{1}{3}\right)^x = (3^{-1})^x = 3^{-x}$, $27 = 3^3$ であるから $3^{-x} > 3^3$

底 3 は 1 より大きいから $-x > 3$     よって $x < -3$

## ◆ 数の大小

**118a** 次の 3 つの数の大小を，不等号 < を用いて表せ。

(1) $2^{-4}$, $2^2$, $2$

(2) $\sqrt[3]{2}$, $\sqrt[4]{8}$, $\sqrt[5]{4}$

(3) $\sqrt[4]{\dfrac{1}{27}}$, $\sqrt[3]{\dfrac{1}{9}}$, $\dfrac{1}{3}$

**118b** 次の 3 つの数の大小を，不等号 < を用いて表せ。

(1) $1$, $\left(\dfrac{1}{3}\right)^{-3}$, $\left(\dfrac{1}{3}\right)^2$

(2) $9$, $\sqrt{27}$, $\sqrt[3]{81}$

(3) $\sqrt{0.1}$, $\sqrt[3]{0.1^2}$, $\sqrt[4]{0.1^3}$

**基本事項** 指数関数 $y = a^x$ の性質

① $a > 1$ のとき $\quad r < s \iff a^r < a^s$

② $0 < a < 1$ のとき $\quad r < s \iff a^r > a^s$

◆ 指数方程式

**119a** 次の方程式を解け。

(1) $9^x = 243$

(2) $4^x = 2^{6-x}$

**119b** 次の方程式を解け。

(1) $\left(\dfrac{1}{2}\right)^x = \sqrt{32}$

(2) $4^{x-1} = 16^{2x+1}$

◆ 指数不等式

**120a** 次の不等式を解け。

(1) $(\sqrt{5})^x > 25$

(2) $\left(\dfrac{1}{3}\right)^x \leqq \dfrac{1}{9}$

**120b** 次の不等式を解け。

(1) $\left(\dfrac{1}{2}\right)^x \leqq 2\sqrt{2}$

(2) $\left(\dfrac{1}{4}\right)^x > \dfrac{1}{64}$

▶ p.120 補充問題 **8**

例 41 対数の値

　$\log_8 4$ の値を求めよ。

(解)　$\log_8 4 = x$ とおくと　$8^x = 4$

　$8^x = (2^3)^x = 2^{3x}$，$4 = 2^2$ であるから　$2^{3x} = 2^2$

　よって　$3x = 2$　これを解いて　$x = \dfrac{2}{3}$　すなわち　$\log_8 4 = \dfrac{2}{3}$

◆ 指数と対数

**121a**　次の等式を，$\log_a M = p$ の形に書きなおせ。

(1)　$2^5 = 32$

(2)　$6^0 = 1$

**121b**　次の等式を，$\log_a M = p$ の形に書きなおせ。

(1)　$5^2 = 25$

(2)　$\left(\dfrac{1}{2}\right)^{-1} = 2$

◆ 指数と対数

**122a**　次の等式を $a^p = M$ の形に書きなおせ。

(1)　$\log_2 64 = 6$

(2)　$\log_5 \dfrac{1}{5} = -1$

**122b**　次の等式を $a^p = M$ の形に書きなおせ。

(1)　$\log_3 81 = 4$

(2)　$\log_7 1 = 0$

◆ 対数方程式

**123a**　方程式 $\log_5 x = 2$ を解け。

**123b**　方程式 $\log_3(x+2) = 2$ を解け。

基本
事項　指数と対数

　$a > 0$，$a \neq 1$，$M > 0$ のとき，　$M = a^p \iff \log_a M = p$

◆ 対数の値

**124a** 次の値を求めよ。

(1) $\log_2 8$

(2) $\log_4 \dfrac{1}{64}$

(3) $\log_3 \sqrt{3}$

**124b** 次の値を求めよ。

(1) $\log_3 81$

(2) $\log_3 \dfrac{1}{27}$

(3) $\log_{10} 0.1$

◆ 対数の値

**125a** 次の値を求めよ。

(1) $\log_9 27$

(2) $\log_{\frac{1}{2}} 4$

**125b** 次の値を求めよ。

(1) $\log_4 2$

(2) $\log_{\sqrt{2}} 8$

# 42　対数の性質

### 例42　対数の計算

$\log_2 72 - 2\log_2 3$ を計算せよ。

**(解)** $\log_2 72 - 2\log_2 3 = \log_2 72 - \log_2 3^2 = \log_2 72 - \log_2 9$

$$= \log_2 \frac{72}{9} = \log_2 8 = \log_2 2^3 = 3$$

**ポイント!**

対数の性質を利用して，対数を1つにまとめる。

◆ 対数の計算

**126a** 次の計算をせよ。

(1)　$\log_6 2 + \log_6 3$

(2)　$\log_3 36 - \log_3 4$

**126b** 次の計算をせよ。

(1)　$\log_2 10 + \log_2 \frac{2}{5}$

(2)　$\log_5 7 - \log_5 35$

◆ 対数の計算

**127a** 次の計算をせよ。

(1)　$2\log_{10} 2 + \log_{10} 25$

(2)　$\frac{1}{2}\log_5 75 - \log_5 \sqrt{15}$

**127b** 次の計算をせよ。

(1)　$2\log_{10} 5 - \log_{10} \frac{1}{4}$

(2)　$2\log_3 \frac{3}{5} + \log_3 \frac{25}{3}$

**基本事項**

(1)　**対数の性質**

$a > 0$，$a \neq 1$，$M > 0$，$N > 0$ で，$r$ を実数とする。

$\log_a 1 = 0$，$\log_a a = 1$

①　$\log_a MN = \log_a M + \log_a N$　　②　$\log_a \frac{M}{N} = \log_a M - \log_a N$　　③　$\log_a M^r = r\log_a M$

(2)　**底の変換公式**

$a$，$b$，$c$ が正の数で，$a \neq 1$，$c \neq 1$ のとき　　$\log_a b = \dfrac{\log_c b}{\log_c a}$

◆ 対数の計算

**128a** 次の計算をせよ。

(1) $\log_3 54 + \log_3 6 - \log_3 4$

(2) $\log_2 \sqrt{48} + \log_2 \sqrt{6} - \log_2 \sqrt{18}$

**128b** 次の計算をせよ。

(1) $\log_5 6 - \log_5 10 - \log_5 15$

(2) $\log_3 \sqrt{21} - \log_3 \sqrt{14} + \log_3 \sqrt{2}$

◆ 底の変換公式

**129a** 次の値を求めよ。

(1) $\log_{25} 125$

(2) $\log_2 10 - \log_4 25$

**129b** 次の値を求めよ。

(1) $\log_{49} \sqrt{7}$

(2) $\log_3 18 - \log_{27} 8$

▶ p.121 補充問題 **9**

# 43 対数関数の性質の利用

**例 43** 対数関数を含む不等式

不等式 $\log_2(x+1)<4$ を解け。

**ポイント!**

底と 1 の大小に注意して，真数を比べる。

**(解)** 真数は正であるから　$x+1>0$　　すなわち　$x>-1$ ……①

不等式を変形すると　　　$\log_2(x+1)<\log_2 16$

底 2 は 1 より大きいから，真数を比べると　$x+1<16$

したがって　$x<15$　　　　　　　　　　　　……②

①，②の共通な範囲を求めて　$-1<x<15$

$\leftarrow 4=\log_2 2^4=\log_2 16$

◆ 対数の大小

**130a** 次の 3 つの数の大小を，不等号 $<$ を用いて表せ。

(1) $\log_3 5,\ \log_3 2,\ \log_3 6$

**130b** 次の 3 つの数の大小を，不等号 $<$ を用いて表せ。

(1) $\log_4 2,\ \log_4 8,\ 1$

(2) $\log_{\frac{1}{2}} 7,\ \log_{\frac{1}{2}} 9,\ \log_{\frac{1}{2}} 5$

(2) $\log_{\frac{1}{3}} \dfrac{1}{4},\ \log_{\frac{1}{3}} \dfrac{1}{5},\ 1$

◆ 対数の大小

**131a** 3 つの数 $1$，$\log_2 3$，$\log_4 25$ の大小を，不等号 $<$ を用いて表せ。

**131b** 3 つの数 $\log_3 10$，$2$，$\log_9 4$ の大小を，不等号 $<$ を用いて表せ。

**基本事項** 対数関数 $y=\log_a x$ の性質

① $a>1$ のとき　　　　$r<s \iff \log_a r<\log_a s$

② $0<a<1$ のとき　　$r<s \iff \log_a r>\log_a s$

◆ **対数関数を含む方程式**

**132a** 方程式 $\log_2 x + \log_2(x-1) = 1$ を解け。

**132b** 方程式 $\log_2(x+1) + \log_2(x-2) = 2$ を解け。

5章 … 指数関数・対数関数

◆ **対数関数を含む不等式**

**133a** 次の不等式を解け。

(1) $\log_2(x+1) > 0$

**133b** 次の不等式を解け。

(1) $\log_3(x-2) < 1$

(2) $\log_{\frac{1}{2}}(x-3) < 1$

(2) $\log_{\frac{1}{2}}(2x-1) < -1$

▶ p.121 補充問題 ❿

**例 44** 桁数

$2^{40}$ の桁数を求めよ。ただし，$\log_{10} 2 = 0.3010$ とする。

**(解)** $2^{40} = 10^r$ とおくと

$r = \log_{10} 2^{40} = 40\log_{10} 2 = 40 \times 0.3010 = 12.040$

よって　$2^{40} = 10^{12.040}$

$10^{12} < 10^{12.040} < 10^{13}$ であるから　$10^{12} < 2^{40} < 10^{13}$

したがって，$2^{40}$ は**13桁**の数である。

> **ポイント！**
>
> $2^{40} = 10^r$ となる $r$ の値を求めて，$10^{k-1} \leq 10^r < 10^k$ を満たす整数 $k$ の値から判断する。

◆ 常用対数の値

**134a** 常用対数表を用いて，次の値を小数第 4 位まで求めよ。

(1) $\log_{10} 6.27$

(2) $\log_{10} 3580$

(3) $\log_{10} 0.0219$

**134b** 常用対数表を用いて，次の値を小数第 4 位まで求めよ。

(1) $\log_{10} 4.28$

(2) $\log_{10} 92400$

(3) $\log_{10} 0.00571$

◆ 桁数

**135a** 次の数は何桁の数か。ただし，$\log_{10} 2 = 0.3010$，$\log_{10} 3 = 0.4771$ とする。

(1) $2^{20}$

(2) $3^{40}$

**135b** 次の数は何桁の数か。ただし，$\log_{10} 2 = 0.3010$，$\log_{10} 7 = 0.8451$ とする。

(1) $2^{70}$

(2) $7^{20}$

**45** 平均変化率と微分係数

関数 $f(x)=x^2+3$ について，次の問いに答えよ。

(1) $x$ が $2$ から $2+h$ まで変化するときの平均変化率を求めよ。

(2) $x=2$ における微分係数を求めよ。

**ポイント!**

平均変化率，微分係数の定義に
したがって計算する。

**解** (1)

$$\frac{f(2+h)-f(2)}{h}=\frac{\{(2+h)^2+3\}-(2^2+3)}{h}$$

$$=\frac{4h+h^2}{h}=\frac{h(4+h)}{h}=4+h$$

← $f(x)$ に $x=2+h$, $2$ を代入する。

← $h$ で約分する。

(2) $f'(2)=\lim_{h \to 0}\dfrac{f(2+h)-f(2)}{h}$

$$=\lim_{h \to 0}(4+h)=4$$

← $f'(2)$ は関数 $f(x)$ の $x=2$ における微分係数を表す。

←(1)の結果を利用する。

◆平均変化率

**136a** $2$ 次関数 $f(x)=x^2$ において，$x$ が $1$ から $3$ まで変化するときの平均変化率を求めよ。

**136b** $2$ 次関数 $f(x)=2x^2$ において，$x$ が $-1$ から $2$ まで変化するときの平均変化率を求めよ。

◆平均変化率

**137a** 関数 $f(x)=x^2$ において，$x$ が $2$ から $2+h$ まで変化するときの平均変化率を求めよ。

**137b** 関数 $f(x)=x^2$ において，$x$ が $-2$ から $-2+h$ まで変化するときの平均変化率を求めよ。

 **基本事項**

(1) 平均変化率

① $x$ の値が $a$ から $b$ まで変化するときの関数 $f(x)$ の平均変化率は $\dfrac{f(b)-f(a)}{b-a}$

② $x$ の値が $a$ から $a+h$ まで変化するときの関数 $f(x)$ の平均変化率は $\dfrac{f(a+h)-f(a)}{h}$

(2) 微分係数

関数 $f(x)$ の $x=a$ における微分係数 $f'(a)$ は $f'(a)=\lim_{h \to 0}\dfrac{f(a+h)-f(a)}{h}$

◆微分係数

**138a** 関数 $f(x)=x^2$ において，次の微分係数を求めよ。

(1) $f'(2)$

(2) $f'(a)$

**138b** 関数 $f(x)=-x^2$ において，次の微分係数を求めよ。

(1) $f'(1)$

(2) $f'(a)$

例 46 関数の微分

関数 $y=2x^3-3x^2+x-2$ を微分せよ。

解 $\quad y'=(2x^3-3x^2+x-2)'$

$\qquad =(2x^3)'-(3x^2)'+(x)'-(2)' \qquad$ ←導関数の性質②，③

$\qquad =2(x^3)'-3(x^2)'+(x)'-(2)' \qquad$ ←導関数の性質①

$\qquad =2\cdot 3x^2-3\cdot 2x+1-0$

$\qquad =6x^2-6x+1$

◆導関数の定義

**139a** 関数 $f(x)=-x$ を定義にしたがって微分せよ。

**139b** 関数 $f(x)=2x^2$ を定義にしたがって微分せよ。

基本事項

(1) **導関数の定義** 関数 $f(x)$ の導関数 $f'(x)$ は $\quad f'(x)=\lim\limits_{h\to 0}\dfrac{f(x+h)-f(x)}{h}$

(2) **$x^n$ の導関数** $n$ が正の整数のとき $\quad (x^n)'=nx^{n-1}$

(3) **定数関数の導関数** 定数関数 $f(x)=c$ について $\quad f'(x)=(c)'=0$

(4) **導関数の性質**

① $\{kf(x)\}'=kf'(x) \qquad$ ただし，$k$ は定数

② $\{f(x)+g(x)\}'=f'(x)+g'(x) \qquad$ ③ $\{f(x)-g(x)\}'=f'(x)-g'(x)$

◆関数の微分

**140a**  次の関数を微分せよ。

(1)  $y = 2x + 1$

(2)  $y = x^2 - 2x + 5$

(3)  $y = x^3 + 3x^2 - 2x - 5$

(4)  $y = \dfrac{1}{3}x^3 - \dfrac{1}{2}x^2 + 3$

(5)  $y = x^4 - x^3 + 3x^2 - x$

**140b**  次の関数を微分せよ。

(1)  $y = -x - 3$

(2)  $y = 3x^2 + x - 1$

(3)  $y = -x^3 - 2x^2 + x + 3$

(4)  $y = -\dfrac{2}{3}x^3 + 3x - 1$

(5)  $y = 2x^4 - 3x^3 + x^2 - 5$

▶ p.122 補充問題 **11**

# 47 導関数とその計算(2)

**例 47** 関数の微分

関数 $y=(2x-1)(x+3)$ を微分せよ。

**ポイント!**
右辺を展開してから各項を微分する。

**(解)** $y=(2x-1)(x+3)=2x^2+5x-3$

よって $y'=(2x^2)'+(5x)'-(3)'=\boldsymbol{4x+5}$

◆ 関数の微分

**141a** 次の関数を微分せよ。

(1) $y=(x+2)(x+4)$

(2) $y=(3x+2)(3x-2)$

(3) $y=2x(x^2+2)$

(4) $y=(x+3)^3$

**141b** 次の関数を微分せよ。

(1) $y=(2x-1)(3x+4)$

(2) $y=2(x-1)(x+1)$

(3) $y=(x^2-3)(x-1)$

(4) $y=(x-2)^3$

◆ 変数が $x$，$y$ 以外の関数の導関数

**142a** 次の関数を，[ ]内で示された変数について微分せよ。

(1) $h=2t^2+3t$ $\quad[t]$

(2) $S=2\pi r^2$ $\quad[r]$

**142b** 次の関数を，[ ]内で示された変数について微分せよ。

(1) $h=-t^3+3t^2$ $\quad[t]$

(2) $V=\dfrac{2}{3}\pi r^3$ $\quad[r]$

◆ 導関数と微分係数

**143a** 次の関数 $f(x)$ において，$f'(1)$，$f'(-2)$ をそれぞれ求めよ。

(1) $f(x)=x^2-2x$

(2) $f(x)=x^3-2x^2-3x$

**143b** 次の関数 $f(x)$ において，$f'(2)$，$f'(-1)$ をそれぞれ求めよ。

(1) $f(x)=-x^2+2x-3$

(2) $f(x)=2x^3-x^2+5$

▶ p.122 補充問題 ⑫

**例 48** 接線の方程式

放物線 $y=x^2+1$ 上の点 $(3,\ 10)$ における接線の方程式を求めよ。

**解** $f(x)=x^2+1$ とおくと，$f'(x)=2x$ であるから，
点 $(3,\ 10)$ における接線の傾きは $f'(3)=2\cdot3=6$
よって，求める接線の方程式は $y-10=6(x-3)$
すなわち $\boldsymbol{y=6x-8}$

← 接線の傾きが 6

← 点 $(3,\ 10)$ を通り，傾きが 6 の直線の方程式

◆ 接線の方程式

**144a** 次の放物線上の点 A における接線の方程式を求めよ。

(1) $y=x^2$，A$(2,\ 4)$

**144b** 次の放物線上の点 A における接線の方程式を求めよ。

(1) $y=2x^2$，A$(-1,\ 2)$

(2) $y=x^2-2x$，A$(-1,\ 3)$

(2) $y=-x^2+4x$，A$(1,\ 3)$

**基本事項** 接線の方程式
曲線 $y=f(x)$ 上の点 $(a,\ f(a))$ における接線の方程式は $y-f(a)=f'(a)(x-a)$

◆ 接線の方程式

**145a** 放物線 $y=x^2$ 上で，$x$ 座標が $-1$ の点における接線の方程式を求めよ。

**145b** 放物線 $y=-x^2+3x$ 上で，$x$ 座標が 2 の点における接線の方程式を求めよ。

◆ 曲線外の点から引いた接線の方程式

**146a** 点 $(2, 3)$ から放物線 $y=x^2$ に引いた接線の方程式を求めよ。

**146b** 点 $(-1, 3)$ から放物線 $y=-x^2$ に引いた接線の方程式を求めよ。

6章…微分と積分

ヒント **146** 接点の $x$ 座標を $a$ とおいて，この点における接線の方程式を $a$ の式で表す。
この直線が与えられた点を通ることから $a$ の値を求める。

97

**49** 関数の増加・減少

例 **49** 3次関数の増減

関数 $f(x)=x^3-6x^2+9x-3$ の増減表をかけ。

**ポイント!**

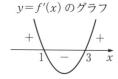

導関数を計算し，$f'(x)=0$ を解いて，増減表を作る。

解 $f'(x)=3x^2-12x+9$

$\qquad\quad =3(x-1)(x-3)$

$f'(x)=0$ とすると　$x=1,\ 3$

よって，増減表は次のようになる。

| $x$ | $\cdots$ | 1 | $\cdots$ | 3 | $\cdots$ |
|---|---|---|---|---|---|
| $f'(x)$ | + | 0 | − | 0 | + |
| $f(x)$ | ↗ | 1 | ↘ | −3 | ↗ |

← $3(x-1)(x-3)=0$
　$x=1,\ 3$

$y=f'(x)$ のグラフ

← $f(1)=1^3-6\cdot1^2+9\cdot1-3=1$
　$f(3)=3^3-6\cdot3^2+9\cdot3-3=-3$

◆ **2次関数の増減**

**147a** 関数 $f(x)=x^2-6x+6$ の増減表をかけ。

**147b** 関数 $f(x)=-x^2+2x+1$ の増減表をかけ。

基本
事項

関数の増加・減少

関数 $f(x)$ について，

$f'(x)>0$ となる $x$ の範囲で，$f(x)$ は増加する。

$f'(x)<0$ となる $x$ の範囲で，$f(x)$ は減少する。

◆ 3次関数の増減

**148a** 次の関数の増減表をかけ。

(1) $f(x)=x^3-3x$

**148b** 次の関数の増減表をかけ。

(1) $f(x)=2x^3-9x^2+12x-4$

(2) $f(x)=-x^3+12x$

(2) $f(x)=-2x^3+3x^2+12$

例 **50** 関数のグラフ

関数 $y=2x^3-6x+1$ の極値を求め，そのグラフをかけ。

$y'=0$ となる $x$ の値を求め，その $x$ の前後における $y'$ の符号を調べる。

(解) $y'=6x^2-6=6(x+1)(x-1)$

$y'=0$ とすると $x=\pm 1$

よって，増減表は次のようになる。

| $x$ | $\cdots$ | $-1$ | $\cdots$ | $1$ | $\cdots$ |
|---|---|---|---|---|---|
| $y'$ | $+$ | $0$ | $-$ | $0$ | $+$ |
| $y$ | $\nearrow$ | 極大 5 | $\searrow$ | 極小 $-3$ | $\nearrow$ |

したがって，$x=-1$ で極大値 $5$，$x=1$ で極小値 $-3$
をとり，グラフは右の図のようになる。

◆ 関数のグラフ

**149a** 関数 $y=2x^3-9x^2+12x-3$ の極値を求め，そのグラフをかけ。

**149b** 関数 $y=-2x^3-3x^2$ の極値を求め，そのグラフをかけ。

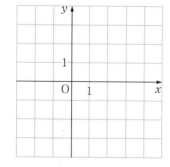

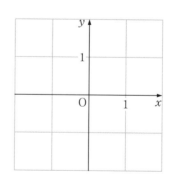

基本事項

(1) $f'(x)$ の符号が，$x=a$ を境にして，
　　　　正から負に変わるとき，$f(x)$ は $x=a$ で極大値，
　　　　負から正に変わるとき，$f(x)$ は $x=a$ で極小値
　　をとる。

(2) 関数 $f(x)$ が $x=a$ で極値をとれば，$f'(a)=0$ である。
　　逆に，$f'(a)=0$ であっても，$f(x)$ が $x=a$ で極値をとるとは限らない。

◆ 関数のグラフ（極値をもたない）

**150a** 関数 $y=-x^3-2$ のグラフをかけ。

**150b** 関数 $y=x^3+3x^2+3x-1$ のグラフをかけ。

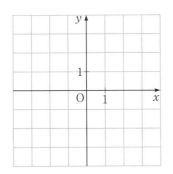

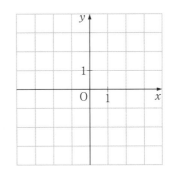

◆ 極値からの係数の決定

**151a** 関数 $f(x)=x^3+ax+b$ が $x=2$ で極小値 $-8$ をとるとき，定数 $a$，$b$ の値を求めよ。また，極大値を求めよ。

**151b** 関数 $f(x)=-x^3+ax^2+b$ が $x=2$ で極大値12をとるとき，定数 $a$，$b$ の値を求めよ。また，極小値を求めよ。

ヒント 151　　a　$f(x)$ が $x=2$ で極小値 $-8$ をとるとき，$f'(2)=0$，$f(2)=-8$ である。
　　　　　　　b　$f(x)$ が $x=2$ で極大値12をとるとき，$f'(2)=0$，$f(2)=12$ である。

**例 51** 関数の最大・最小

関数 $y=2x^3-3x^2-12x-1$ の $-2 \leqq x \leqq 4$ における最大値と最小値を求めよ。

> **ポイント！**
> 定義域の範囲で増減表を作り，極値と定義域の両端の値を調べる。

**(解)** $y'=6x^2-6x-12=6(x+1)(x-2)$

$y'=0$ とすると $x=-1,\ 2$

よって，$-2 \leqq x \leqq 4$ における増減表は，次のようになる。

| $x$ | $-2$ | $\cdots$ | $-1$ | $\cdots$ | $2$ | $\cdots$ | $4$ |
|---|---|---|---|---|---|---|---|
| $y'$ | | $+$ | $0$ | $-$ | $0$ | $+$ | |
| $y$ | $-5$ | ↗ | 極大 $6$ | ↘ | 極小 $-21$ | ↗ | $31$ |

したがって，$x=4$ で最大値 $31$，$x=2$ で最小値 $-21$ をとる。

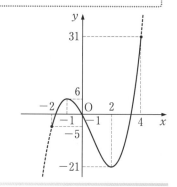

◆ 関数の最大・最小

**152a** 関数 $y=4x^3-6x^2+3$ の $-1 \leqq x \leqq 2$ における最大値と最小値を求めよ。

**152b** 関数 $y=2x^3+3x^2-12x$ の $-3 \leqq x \leqq 2$ における最大値と最小値を求めよ。

## ◆ 容積の最大値

**153a** 1辺が 8cm の正方形の四隅から，1辺が $x$cm の正方形を切り取り，ふたのない箱を作る。この箱の容積を最大にするには，$x$の値をいくらにすればよいか。

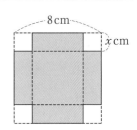

**153b** 縦が 15cm，横が 24cm の長方形の四隅から，1辺が $x$cm の正方形を切り取り，ふたのない箱を作る。この箱の容積を最大にするには，$x$の値をいくらにすればよいか。

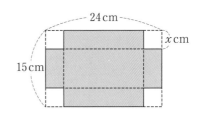

**ヒント** 153 辺の長さは 0 より大きいことから，$x$ がとり得る値の範囲を定める。

例 52 **不等式の証明**

$x \geqq 0$ のとき，不等式 $2x^3 + 1 \geqq 3x^2$ が成り立つことを証明せよ。
また，等号が成り立つのはどのようなときか。

解 $f(x) = (2x^3 + 1) - 3x^2 = 2x^3 - 3x^2 + 1$ とおくと

$\qquad f'(x) = 6x^2 - 6x = 6x(x-1)$

$f'(x) = 0$ とすると $x = 0,\ 1$

$x \geqq 0$ における増減表は右のように
なる。

$x \geqq 0$ のとき，$f(x)$ の最小値が 0 で
あるから $f(x) \geqq 0$

よって，$x \geqq 0$ のとき $2x^3 - 3x^2 + 1 \geqq 0$

すなわち $2x^3 + 1 \geqq 3x^2$

等号が成り立つのは，$x = 1$ のときである。

| $x$ | 0 | $\cdots$ | 1 | $\cdots$ |
|---|---|---|---|---|
| $f'(x)$ | | $-$ | 0 | $+$ |
| $f(x)$ | 1 | $\searrow$ | 極小 0 | $\nearrow$ |

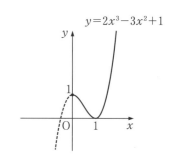

$y = 2x^3 - 3x^2 + 1$

◆ **方程式の実数解の個数**

**154a** 3 次方程式 $x^3 - 3x + 1 = 0$ の異なる実数解の個数を求めよ。

**154b** 3 次方程式 $x^3 - 3x + 6 = 0$ の異なる実数解の個数を求めよ。

**155a** $x \geqq 0$ のとき，不等式 $x^3+16 \geqq 12x$ が成り立つことを証明せよ。また，等号が成り立つのはどのようなときか。

**155b** $x \geqq 0$ のとき，不等式 $x^3+18 \geqq 4x^2+3x$ が成り立つことを証明せよ。また，等号が成り立つのはどのようなときか。

**例 53** 不定積分の計算

不定積分 $\int (3x^2 - 4x + 3)\,dx$ を求めよ。

**ポイント！**
不定積分の性質にしたがって計算する。

**解** $\displaystyle\int (3x^2 - 4x + 3)\,dx = 3\int x^2\,dx - 4\int x\,dx + 3\int dx$

$\displaystyle = 3\cdot\frac{1}{3}x^3 - 4\cdot\frac{1}{2}x^2 + 3x + C = \boldsymbol{x^3 - 2x^2 + 3x + C}$

←不定積分の計算では，積分定数をまとめて 1 つの $C$ で表す。

◆ 不定積分の計算

**156a** 次の不定積分を求めよ。

(1) $\displaystyle\int (6x - 5)\,dx$

(2) $\displaystyle\int (x^2 - 4)\,dx$

(3) $\displaystyle\int (x^3 + 2x^2 - 3x + 2)\,dx$

**156b** 次の不定積分を求めよ。

(1) $\displaystyle\int (-3x + 1)\,dx$

(2) $\displaystyle\int (9x^2 - 6x + 5)\,dx$

(3) $\displaystyle\int (6x^3 - 3x^2 + x)\,dx$

**基本事項**

(1) **$x^n$ の不定積分**　　$n$ が 0 以上の整数のとき　　$\displaystyle\int x^n\,dx = \frac{1}{n+1}x^{n+1} + C$　　ただし，$C$ は積分定数

(2) **不定積分の性質**

① $\displaystyle\int kf(x)\,dx = k\int f(x)\,dx$　　ただし，$k$ は定数

② $\displaystyle\int \{f(x) + g(x)\}\,dx = \int f(x)\,dx + \int g(x)\,dx$　　③ $\displaystyle\int \{f(x) - g(x)\}\,dx = \int f(x)\,dx - \int g(x)\,dx$

◆ 不定積分の計算

**157a** 次の不定積分を求めよ。

(1) $\displaystyle\int (x-1)(x-2)\,dx$

(2) $\displaystyle\int t(3t-4)\,dt$

**157b** 次の不定積分を求めよ。

(1) $\displaystyle\int (2x+1)^2\,dx$

(2) $\displaystyle\int (2t-1)(3t-1)\,dt$

◆ 関数の決定

**158a** 次の条件を満たす関数 $F(x)$ を求めよ。 $F'(x)=3x^2+1,\ \ F(2)=7$

**158b** 次の条件を満たす関数 $F(x)$ を求めよ。 $F'(x)=21x^2-10x+3,\ \ F(1)=4$

▶ p.123 補充問題 ⑬

### 例 54 定積分の計算

定積分 $\int_1^2 (6x^2+4x-3)\,dx$ を求めよ。

**ポイント！**

不定積分 $F(x)$ を求めて，$F(2)-F(1)$ を計算する。

**解**

$$\int_1^2 (6x^2+4x-3)\,dx = \Big[2x^3+2x^2-3x\Big]_1^2$$
$$= (2\cdot2^3+2\cdot2^2-3\cdot2)-(2\cdot1^3+2\cdot1^2-3\cdot1)$$
$$= 18-1 = \mathbf{17}$$

←積分定数 $C$ は考えなくてよい。

◆ 定積分の計算

**159a** 次の定積分を求めよ。

(1) $\displaystyle\int_{-1}^2 6x^2\,dx$

(2) $\displaystyle\int_0^2 (-x+1)\,dx$

(3) $\displaystyle\int_{-2}^1 (3x^2-4x+5)\,dx$

(4) $\displaystyle\int_{-1}^0 (x^2+3x-1)\,dx$

**159b** 次の定積分を求めよ。

(1) $\displaystyle\int_1^3 (3x^2-1)\,dx$

(2) $\displaystyle\int_{-2}^4 (-2)\,dx$

(3) $\displaystyle\int_0^4 (2x^2-3x-1)\,dx$

(4) $\displaystyle\int_{-1}^2 (-x^2+5x-4)\,dx$

---

**基本事項** 定積分の定義

$F'(x)=f(x)$ のとき $\displaystyle\int_a^b f(x)\,dx=\Big[F(x)\Big]_a^b=F(b)-F(a)$

◆ 定積分の計算

**160a** 次の定積分を求めよ。

(1) $\displaystyle\int_{-1}^{3}(x+1)(x-2)\,dx$

(2) $\displaystyle\int_{-2}^{1}(2t^2+t+1)\,dt$

(3) $\displaystyle\int_{2}^{3}t(3t-2)\,dt$

**160b** 次の定積分を求めよ。

(1) $\displaystyle\int_{0}^{2}(x-2)^2\,dx$

(2) $\displaystyle\int_{-3}^{0}(-t^2+3t+2)\,dt$

(3) $\displaystyle\int_{-2}^{-1}(2t-1)(t+2)\,dt$

▶ p.124 補充問題 **14**

### 例 55 定積分で表された関数の決定

次の等式を満たす関数 $f(x)$ と定数 $k$ の値を求めよ。

$$\int_{-2}^{x} f(t)\,dt = 3x^2 + 2x + k$$

**ポイント！**

① 両辺を $x$ について微分して $f(x)$ を求める。

② $\int_{a}^{a} f(t)\,dt = 0$ を利用して $k$ の値を求める。

**(解)** 両辺を $x$ について微分すると $f(x) = 6x + 2$

また，与えられた等式で $x = -2$ とおくと

$\qquad 0 = 12 - 4 + k$

$\qquad$ よって $k = -8$

← (右辺)$= 3 \cdot (-2)^2 + 2 \cdot (-2) + k$

**答** $f(x) = 6x + 2,\ k = -8$

◆ 定積分の性質

**161a** 次の定積分を求めよ。

(1) $\displaystyle \int_{-1}^{2} (2x^2 + 3)\,dx + \int_{-1}^{2} (-2x^2 + 1)\,dx$

(2) $\displaystyle \int_{0}^{1} (x^2 + 1)\,dx + \int_{1}^{3} (x^2 + 1)\,dx$

**161b** 次の定積分を求めよ。

(1) $\displaystyle \int_{-3}^{1} (x^2 + 3x)\,dx - \int_{-3}^{1} (x^2 - x)\,dx$

(2) $\displaystyle \int_{-2}^{-1} (3x^2 - 1)\,dx + \int_{-1}^{3} (3x^2 - 1)\,dx$

**基本事項**

(1) 定積分の性質

① $\displaystyle \int_{a}^{b} k f(x)\,dx = k \int_{a}^{b} f(x)\,dx$ $\qquad$ ただし，$k$ は定数

② $\displaystyle \int_{a}^{b} \{f(x) + g(x)\}\,dx = \int_{a}^{b} f(x)\,dx + \int_{a}^{b} g(x)\,dx$

③ $\displaystyle \int_{a}^{b} \{f(x) - g(x)\}\,dx = \int_{a}^{b} f(x)\,dx - \int_{a}^{b} g(x)\,dx$

④ $\displaystyle \int_{a}^{a} f(x)\,dx = 0$

⑤ $\displaystyle \int_{a}^{b} f(x)\,dx = -\int_{b}^{a} f(x)\,dx$

⑥ $\displaystyle \int_{a}^{b} f(x)\,dx = \int_{a}^{c} f(x)\,dx + \int_{c}^{b} f(x)\,dx$

(2) 定積分と微分の関係

$\qquad a$ が定数のとき $\qquad \dfrac{d}{dx} \displaystyle \int_{a}^{x} f(t)\,dt = f(x)$

◆ 定積分と微分の関係

**162a** 次の関数を $x$ について微分せよ。

(1) $\displaystyle\int_{-5}^{x}(2t^2+6t-1)\,dt$

(2) $\displaystyle\int_{1}^{x}(-t^2+2t+1)\,dt$

**162b** 次の関数を $x$ について微分せよ。

(1) $\displaystyle\int_{0}^{x}(-3t^2+4)\,dt$

(2) $\displaystyle\int_{4}^{x}(9t^2+7t+4)\,dt$

◆ 定積分で表された関数

**163a** 次の等式を満たす関数 $f(x)$ と定数 $k$ の値を求めよ。

(1) $\displaystyle\int_{1}^{x}f(t)\,dt=x^2+2x+k$

(2) $\displaystyle\int_{-1}^{x}f(t)\,dt=2x^2+4x+k$

**163b** 次の等式を満たす関数 $f(x)$ と定数 $k$ の値を求めよ。

(1) $\displaystyle\int_{-2}^{x}f(t)\,dt=3x^2+2x+k$

(2) $\displaystyle\int_{1}^{x}f(t)\,dt=-2x^2+3x+2k$

**例 56** 放物線と $x$ 軸とで囲まれた図形の面積

放物線 $y=1-x^2$ と $x$ 軸とで囲まれた図形の面積 $S$ を求めよ。

**ポイント!**

放物線と $x$ 軸との交点から積分する範囲を求める。

**(解)** $y=1-x^2$ と $x$ 軸との交点の $x$ 座標は,

$$1-x^2=0$$

を解いて $x=\pm1$

$-1 \leqq x \leqq 1$ では, $y \geqq 0$ であるから

$$S=\int_{-1}^{1}(1-x^2)dx=\left[x-\frac{1}{3}x^3\right]_{-1}^{1}=\frac{4}{3}$$

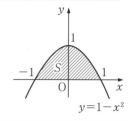

◆ 図形の面積（$f(x) \geqq 0$ のとき）

**164a** 放物線 $y=x^2+1$ と $x$ 軸，および 2 直線 $x=1$, $x=3$ とで囲まれた図形の面積 $S$ を求めよ。

**164b** 放物線 $y=3x^2+4$ と $x$ 軸，および 2 直線 $x=-1$, $x=2$ とで囲まれた図形の面積 $S$ を求めよ。

◆ 図形の面積（$f(x) \leqq 0$ のとき）

**165a** 放物線 $y=-x^2-2$ と $x$ 軸，および 2 直線 $x=-2$, $x=1$ とで囲まれた図形の面積 $S$ を求めよ。

**165b** 放物線 $y=x^2-9$ と $x$ 軸，および 2 直線 $x=1$, $x=2$ とで囲まれた図形の面積 $S$ を求めよ。

**基本事項** 定積分と面積

曲線 $y=f(x)$ と $x$ 軸，および 2 直線 $x=a$, $x=b$ とで囲まれた図形の面積 $S$ は,
$a \leqq x \leqq b$ の範囲で

$f(x) \geqq 0$ のとき $S=\int_{a}^{b}f(x)dx$

$f(x) \leqq 0$ のとき $S=\int_{a}^{b}\{-f(x)\}dx=-\int_{a}^{b}f(x)dx$

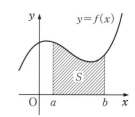

**166a** 次の放物線と $x$ 軸とで囲まれた図形の面積 $S$ を求めよ。

(1) $y = -x(x-3)$

(2) $y = x^2 - 4x + 3$

**166b** 次の放物線と $x$ 軸とで囲まれた図形の面積 $S$ を求めよ。

(1) $y = -x^2 - x + 2$

(2) $y = x^2 - 4x - 5$

# 57 面積(2)

**例 57** 放物線と直線で囲まれた図形の面積

放物線 $y=x^2-4x$ と直線 $y=x$ とで囲まれた図形の面積 $S$ を求めよ。

**ポイント!**

2つのグラフの上下関係を考える。また，積分する範囲は，交点の $x$ 座標から定まる。

**(解)** 2つのグラフの交点の $x$ 座標は

$$x^2-4x=x$$

を解いて $x=0,\ 5$

$0\leqq x\leqq 5$ において，$x\geqq x^2-4x$ であるから

$$S=\int_0^5 \{x-(x^2-4x)\}dx=\int_0^5 (-x^2+5x)dx$$

$$=\left[-\frac{1}{3}x^3+\frac{5}{2}x^2\right]_0^5=\frac{125}{6}$$

$\leftarrow x^2-4x=x$
$x^2-5x=0$
$x(x-5)=0$

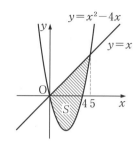

◆ **2つの放物線の間の面積**

**167a** 2つの放物線 $y=x^2-9$，$y=-x^2$ と2直線 $x=-1$，$x=1$ とで囲まれた図形の面積 $S$ を求めよ。

**167b** 2つの放物線 $y=x^2-4$，$y=x^2+2x$ と2直線 $x=-1$，$x=0$ とで囲まれた図形の面積 $S$ を求めよ。

**基本事項** 2つの曲線の間の面積

$a\leqq x\leqq b$ の範囲で $f(x)\geqq g(x)$ のとき，2曲線 $y=f(x)$，$y=g(x)$ と2直線 $x=a$，$x=b$ とで囲まれた図形の面積 $S$ は $\quad S=\int_a^b \{f(x)-g(x)\}dx$

◆ **2つのグラフで囲まれた図形の面積**

**168a** 放物線 $y=-x^2$ と直線 $y=-x-2$ とで囲まれた図形の面積 $S$ を求めよ。

**168b** 2つの放物線 $y=-x^2-2x$, $y=x^2$ で囲まれた図形の面積 $S$ を求めよ。

▶ p.125 補充問題 ⑮

# 補充問題

**1** 〈分数式の乗法・除法〉次の計算をせよ。　▶ p.8 例 **4**

(1) $\dfrac{9y}{8x^2} \times \dfrac{2x}{3y^2}$

(2) $\dfrac{6x^3}{5ay^2} \div \dfrac{9x^2}{10a^2y}$

(3) $\dfrac{x^2+5x+6}{x^2-4} \times \dfrac{x^2-2x}{x^2+2x-3}$

(4) $\dfrac{x^2-3x+2}{3x^2-14x-5} \div \dfrac{x^4-4x+4}{2x^2-13x+15}$

**2** 〈分数式の加法・減法〉次の計算をせよ。　▶ p.10 例 **5**

(1) $\dfrac{x+2}{x+4} + \dfrac{x-3}{x+4}$

(2) $\dfrac{3x+1}{x^2-1} - \dfrac{2x}{x^2-1}$

(3) $\dfrac{2}{x+1} + \dfrac{1}{x+2}$

(4) $\dfrac{2}{x-1} - \dfrac{1}{x}$

(5) $\dfrac{x-1}{x+1} + \dfrac{4x}{x^2-1}$

(6) $\dfrac{x+1}{x^2-x} - \dfrac{2}{x-1}$

**3** 〈複素数の計算〉次の計算をせよ。　▶ p.22 **例 11**

(1)　$(-4+7i)+(9-6i)$

(2)　$(3-5i)-(-7-2i)$

(3)　$(2+i)(3-i)$

(4)　$(5+4i)(5-4i)$

(5)　$(1-2i)^2$

(6)　$\dfrac{2}{3i}$

(7)　$\dfrac{3i}{1-2i}$

(8)　$\dfrac{1-2i}{3+2i}$

**4** 〈高次方程式〉次の方程式を解け。　▶ p.34 例 17

(1) $x^3 - 64 = 0$

(2) $x^4 + 2x^2 - 15 = 0$

(3) $x^3 - 7x - 6 = 0$

(4) $x^3 - 3x^2 + x + 1 = 0$

(5) $2x^3 - 9x^2 + 10x - 3 = 0$

(6) $x^3 - x + 6 = 0$

**5** 〈内分点，外分点の座標〉 2点 A$(-4, -1)$，B$(2, 3)$ を結ぶ線分 AB に対して次の点の座標を求めよ。　▶ p.40 **例 20**

(1) 3：1に内分する点 P

(2) 3：1に外分する点 Q

(3) 2：3に外分する点 R

(4) 中点 M

補充問題

**6** 〈直線の方程式〉次の直線の方程式を求めよ。　▶ p.42 **例 21**

(1) 点$(4, -7)$を通り，傾きが3の直線

(2) 点$(-2, 3)$を通り，傾きが$-1$の直線

(3) 点$(-2, -4)$を通り，傾きが$-\dfrac{1}{2}$の直線

(4) 2点$(-2, 6)$, $(0, 4)$を通る直線

(5) 2点$(2, 3)$, $(-5, -1)$を通る直線

(6) 2点$(2, 0)$, $(0, -1)$を通る直線

(7) 2点$(-2, -5)$, $(-2, 3)$を通る直線

(8) 2点$(1, -7)$, $(-4, -7)$，を通る直線

**7** 〈指数法則〉次の計算をせよ。　▶ p.78 例39

(1)　$4^{\frac{2}{5}} \times 4^{\frac{8}{5}}$

(2)　$8^{\frac{5}{6}} \div 8^{\frac{1}{2}}$

(3)　$32^{-\frac{2}{5}}$

(4)　$2^{\frac{5}{6}} \times 2^{-\frac{1}{2}} \div 2^{\frac{1}{3}}$

(5)　$\sqrt[6]{16} \times \sqrt[3]{2}$

(6)　$\sqrt{3} \times \sqrt[4]{27} \div \sqrt[4]{3}$

**8** 〈指数関数を含む方程式・不等式〉次の方程式，不等式を解け。　▶ p.80 例40

(1)　$27^x = 3^{2x+3}$

(2)　$\left(\dfrac{1}{2}\right)^{x-1} = 16$

(3)　$5^x \leqq 5\sqrt{5}$

(4)　$\left(\dfrac{1}{4}\right)^x < \dfrac{1}{8}$

**9** 〈対数の計算〉次の計算をせよ。 ▶ p.84 **例 42**

(1) $\log_3 15 + \log_3 \dfrac{3}{5}$

(2) $\log_5 100 - \log_5 4$

(3) $\log_2 25 - 2\log_2 10$

(4) $\log_2 \sqrt{48} - \dfrac{1}{2}\log_2 3$

(5) $\log_3 48 + \log_3 36 - 3\log_3 4$

(6) $5\log_2 \sqrt{2} + \log_2 \sqrt{6} - \dfrac{1}{2}\log_2 48$

補充問題

**10** 〈対数関数を含む方程式，不等式〉次の方程式，不等式を解け。 ▶ p.86 **例 43**

(1) $\log_2 x + \log_2(x+2) = 3$

(2) $\log_3(x-5) + \log_3(2x-3) = 2$

(3) $\log_2(3x-1) > -1$

(4) $\log_{\frac{1}{3}}(x+1) > 2$

**11** 〈関数の微分〉次の関数を微分せよ。　▶ p.92 例 46

(1) $y=3x^2-2x-1$

(2) $y=7$

(3) $y=2x^3+3x^2-5$

(4) $y=-3x^3+4x^2-6x+1$

(5) $y=\dfrac{1}{3}x^3+x-6$

(6) $y=-x^4+2x^3-4x+3$

**12** 〈関数の微分〉次の関数を微分せよ。　▶ p.94 例 47

(1) $y=(3x-2)(x-3)$

(2) $y=3x(2x+1)^2$

(3) $y=(x^2-3)(3x+2)$

(4) $y=(x-2)^3$

**13** 〈不定積分の計算〉次の不定積分を求めよ。 ▶ p.106 **例 53**

(1) $\displaystyle\int 8\,dx$

(2) $\displaystyle\int (-9x)\,dx$

(3) $\displaystyle\int (2x^2-1)\,dx$

(4) $\displaystyle\int (3x^2+x+1)\,dx$

(5) $\displaystyle\int (-4x^2-3x+2)\,dx$

(6) $\displaystyle\int (2x^3-x^2+6x-5)\,dx$

(7) $\displaystyle\int x(2x-4)\,dx$

(8) $\displaystyle\int (3x+1)^2\,dx$

(9) $\displaystyle\int (2t+1)(2t-1)\,dt$

(10) $\displaystyle\int (-t+1)(3t+2)\,dt$

**14** 〈定積分の計算〉次の定積分を求めよ。　▶ p.108 **例 54**

(1) $\displaystyle\int_1^2 (2x-3)\,dx$

(2) $\displaystyle\int_{-5}^4 dx$

(3) $\displaystyle\int_0^2 (3x^2-x)\,dx$

(4) $\displaystyle\int_{-1}^3 (-3x^2+4)\,dx$

(5) $\displaystyle\int_1^2 (x^2+3x-1)\,dx$

(6) $\displaystyle\int_{-1}^0 (2x^2-x+2)\,dx$

(7) $\displaystyle\int_{-1}^3 (x+1)(x-2)\,dx$

(8) $\displaystyle\int_0^2 (t-3)^2\,dt$

**15** 〈2つのグラフで囲まれた図形の面積〉次の放物線や直線で囲まれた図形の面積 $S$ を求めよ。

▶ p.114 **例** 57

(1) $y=x^2-5x,\ y=-2x$

(2) $y=-3x^2-6x+1,\ y=6x+10$

(3) $y=x^2+2x-2,\ y=-x^2+2x$

# 解 答

**1a** (1) $4x^2+12x+9$　　(2) $x^2+2x-3$
(3) $3x^2-5x+2$

**1b** (1) $4x^2-y^2$　　(2) $x^2-5xy+6y^2$
(3) $12x^2-17xy+6y^2$

**2a** (1) $(4x-3)^2$　　(2) $(x+3)(x-2)$
(3) $(x+1)(3x-1)$

**2b** (1) $(3x+2y)(3x-2y)$　(2) $(x-4y)(x-6y)$
(3) $(2x-y)(2x-3y)$

**3a** (1) $x^3+9x^2+27x+27$
(2) $x^3-6x^2+12x-8$
(3) $x^3+6x^2y+12xy^2+8y^3$

**3b** (1) $8x^3+12x^2+6x+1$
(2) $27x^3+27x^2+9x+1$
(3) $8x^3-36x^2y+54xy^2-27y^3$

**4a** (1) $x^3+8$　　(2) $x^3-1$

**4b** (1) $27x^3+8$　　(2) $27x^3-1$

**5a** (1) $(x+1)(x^2-x+1)$
(2) $(x-3y)(x^2+3xy+9y^2)$

**5b** (1) $(x-4)(x^2+4x+16)$
(2) $(4x+y)(16x^2-4xy+y^2)$

**6a** (1) $x^4-4x^3+6x^2-4x+1$
(2) $x^5+10x^4y+40x^3y^2+80x^2y^3+80xy^4+32y^5$

**6b** (1) $32x^5+80x^4+80x^3+40x^2+10x+1$
(2) $81a^4-216a^3b+216a^2b^2-96ab^3+16b^4$

**7a** (1) $1215$　(2) $-10$　(3) $40$

**7b** (1) $-1792$　(2) $189$　(3) $135$

**8a** (1) 商 $x-3$, 余り $5$
(2) 商 $x^2+3x-2$, 余り $5$

**8b** (1) 商 $x-2$, 余り $-2$
(2) 商 $x^2-x-2$, 余り $-3$

**9a** (1) 商 $x-2$, 余り $2x-3$
(2) 商 $x^2-2x+6$, 余り $-15$
(3) 商 $3x^2-6x+11$, 余り $-21$

**9b** (1) 商 $x+3$, 余り $-14$
(2) 商 $x^2+2x+6$, 余り $10$
(3) 商 $2x^2+3x+6$, 余り $7$

**10a** (1) $\dfrac{4a}{3y^2}$　(2) $\dfrac{x-3}{3}$　(3) $\dfrac{x}{x-2}$

**10b** (1) $\dfrac{a}{2x^2}$　(2) $\dfrac{x-2}{2}$　(3) $\dfrac{x+3}{x+5}$

**11a** (1) $\dfrac{2x}{3y}$　　(2) $\dfrac{x(x-3)}{x+1}$

**11b** (1) $\dfrac{5x^2y^2}{4}$　　(2) $(x-5)^2$

**12a** (1) $\dfrac{12}{xy}$　　(2) $\dfrac{(x-2)^2}{(x+2)(x-3)}$

**12b** (1) $\dfrac{3y^2}{10x}$　　(2) $\dfrac{2(x+2)(x-3)}{(x+1)(x+3)}$

**13a** (1) $\dfrac{3x+1}{x-1}$　(2) $2$　(3) $\dfrac{1}{x-3}$

**13b** (1) $\dfrac{2}{x+2}$　(2) $3$　(3) $\dfrac{2}{x-2}$

**14a** (1) $\dfrac{3x}{(x-1)(x+2)}$　(2) $\dfrac{2}{x}$
(3) $\dfrac{x^2+1}{x(x+2)}$

**14b** (1) $\dfrac{4x-9}{(x+3)(2x-1)}$　(2) $\dfrac{5x+6}{(x+2)(x-3)}$
(3) $\dfrac{1}{x-2}$

**15a** $a=2$, $b=-3$, $c=-3$

**15b** $a=-1$, $b=-2$, $c=-1$

**16a** $a=1$, $b=-1$, $c=-4$

**16b** $a=3$, $b=10$, $c=13$

**17a** （左辺）$=(a^3-3a^2b+3ab^2-b^3)+(3a^2b-3ab^2)$
　　　　$=a^3-b^3=$（右辺）

**17b** （左辺）$=a^2b^2+a^2+4b^2+4$
（右辺）$=(a^2b^2+4ab+4)+(a^2-4ab+4b^2)$
　　　　$=a^2b^2+a^2+4b^2+4$
よって　$(a^2+4)(b^2+1)=(ab+2)^2+(a-2b)^2$

**18a** $a+b=-2$ より, $b=-a-2$ であるから
（左辺）$=a^2-2(-a-2)=a^2+2a+4$
（右辺）$=(-a-2)^2-2a=a^2+2a+4$
よって　$a^2-2b=b^2-2a$

**18b** $a+b=1$ より, $b=1-a$ であるから
（左辺）$=a^3+(1-a)^3=3a^2-3a+1$
（右辺）$=1-3a(1-a)=3a^2-3a+1$
よって　$a^3+b^3=1-3ab$

**19a** $\dfrac{a}{b}=\dfrac{c}{d}=k$ とおくと, $a=bk$, $c=dk$ であるから
（左辺）$=\dfrac{bk+2b}{bk-2b}=\dfrac{b(k+2)}{b(k-2)}=\dfrac{k+2}{k-2}$
（右辺）$=\dfrac{dk+2d}{dk-2d}=\dfrac{d(k+2)}{d(k-2)}=\dfrac{k+2}{k-2}$
よって　$\dfrac{a+2b}{a-2b}=\dfrac{c+2d}{c-2d}$

**19b** $\dfrac{a}{b}=\dfrac{c}{d}=k$ とおくと, $a=bk$, $c=dk$ であるから
（左辺）$=\dfrac{bk+dk}{b+d}=\dfrac{k(b+d)}{b+d}=k$
（右辺）$=\dfrac{bdk+bdk}{2bd}=\dfrac{2bdk}{2bd}=k$

よって $\dfrac{a+c}{b+d}=\dfrac{ad+bc}{2bd}$

**20a** (左辺)$-$(右辺)$=(4a-b)-(a+2b)$
$\qquad\qquad\qquad =3a-3b=3(a-b)$
$a>b$ であるから $3(a-b)>0$
したがって $4a-b>a+2b$

**20b** (左辺)$-$(右辺)$=\dfrac{5a+b}{3}-\dfrac{3a+b}{2}$
$\qquad\qquad\qquad =\dfrac{a-b}{6}$
$a>b$ であるから $\dfrac{a-b}{6}>0$
したがって $\dfrac{5a+b}{3}>\dfrac{3a+b}{2}$

**21a** (左辺)$-$(右辺)$=2(a^2+b^2)-(a-b)^2$
$\qquad\qquad\qquad =a^2+2ab+b^2=(a+b)^2$
$(a+b)^2\geqq0$ であるから $2(a^2+b^2)\geqq(a-b)^2$
等号が成り立つのは，$a=-b$ のときである。

**21b** (左辺)$-$(右辺)$=(a^2+1)(b^2+1)-(ab+1)^2$
$\qquad\qquad\qquad =a^2-2ab+b^2=(a-b)^2$
$(a-b)^2\geqq0$ であるから
$(a^2+1)(b^2+1)\geqq(ab+1)^2$
等号が成り立つのは，$a=b$ のときである。

**22a** (左辺)$=a^2+2a+2=(a+1)^2+1$
$(a+1)^2\geqq0$ であるから $(a+1)^2+1>0$
よって $a^2+2a+2>0$

**22b** (左辺)$-$(右辺)$=a^2+6-4a=(a-2)^2+2$
$(a-2)^2\geqq0$ であるから $(a-2)^2+2>0$
したがって $a^2+6>4a$

**23a** (左辺)$-$(右辺)$=a^2+6b^2-4ab$
$\qquad\qquad\qquad =(a-2b)^2+2b^2$
$(a-2b)^2\geqq0$，$2b^2\geqq0$ であるから
$\qquad (a-2b)^2+2b^2\geqq0$
したがって $a^2+6b^2\geqq4ab$
等号が成り立つのは，$a=b=0$ のときである。

**23b** (左辺)$-$(右辺)$=a^2+b^2+2-2(a+b)$
$\qquad\qquad\qquad =(a-1)^2+(b-1)^2$
$(a-1)^2\geqq0$，$(b-1)^2\geqq0$ であるから
$\qquad (a-1)^2+(b-1)^2\geqq0$
したがって $a^2+b^2+2\geqq2(a+b)$
等号が成り立つのは，$a=b=1$ のときである。

**24a** $(\sqrt{a}+2\sqrt{b})^2-(\sqrt{a+4b})^2$
$=(a+4\sqrt{ab}+4b)-(a+4b)=4\sqrt{ab}$
$a>0$，$b>0$ から $4\sqrt{ab}>0$
したがって $(\sqrt{a}+2\sqrt{b})^2>(\sqrt{a+4b})^2$
ここで，$\sqrt{a}+2\sqrt{b}>0$，$\sqrt{a+4b}>0$ であるから
$\qquad \sqrt{a}+2\sqrt{b}>\sqrt{a+4b}$

**24b** $(3\sqrt{a}+\sqrt{b})^2-(\sqrt{9a+b})^2$
$=(9a+6\sqrt{ab}+b)-(9a+b)=6\sqrt{ab}$
$a>0$，$b>0$ から $6\sqrt{ab}>0$
したがって $(3\sqrt{a}+\sqrt{b})^2>(\sqrt{9a+b})^2$

ここで，$3\sqrt{a}+\sqrt{b}>0$，$\sqrt{9a+b}>0$ であるから
$\qquad 3\sqrt{a}+\sqrt{b}>\sqrt{9a+b}$

**25a** 相加平均は 8，相乗平均は $4\sqrt{3}$

**25b** 相加平均は $\dfrac{25}{2}$，相乗平均は 10

**26a** $a>0$ から $\dfrac{4}{a}>0$
よって，相加平均と相乗平均の大小関係により
$\qquad a+\dfrac{4}{a}\geqq2\sqrt{a\cdot\dfrac{4}{a}}=4$
また，等号が成り立つのは，$a=2$ のときである。

**26b** $a>0$，$b>0$ から $\dfrac{b}{2a}>0$，$\dfrac{a}{2b}>0$
よって，相加平均と相乗平均の大小関係により
$\qquad \dfrac{b}{2a}+\dfrac{a}{2b}\geqq2\sqrt{\dfrac{b}{2a}\cdot\dfrac{a}{2b}}=1$
また，等号が成り立つのは，$a=b$ のときである。

**27a** (1) $\sqrt{3}\,i$ (2) $-\sqrt{10}\,i$ (3) $6i$

**27b** (1) $-\sqrt{14}\,i$ (2) $3\sqrt{5}\,i$ (3) $-2i$

**28a** $x=\pm\sqrt{6}\,i$

**28b** $x=\pm2\sqrt{3}\,i$

**29a** (1) 実部 1，虚部 $-2$
(2) 実部 $-2$，虚部 $\sqrt{3}$
(3) 実部 0，虚部 2

**29b** (1) 実部 $-3$，虚部 1
(2) 実部 $\dfrac{\sqrt{2}}{2}$，虚部 $-\dfrac{5}{2}$
(3) 実部 $-3$，虚部 0

**30a** (1) $a=2$，$b=-5$ (2) $a=2$，$b=2$
(3) $a=2$，$b=-3$

**30b** (1) $a=-1$，$b=-2$ (2) $a=-2$，$b=2$
(3) $a=2$，$b=5$

**31a** (1) $7-2i$ (2) $-1+2i$

**31b** (1) $-4-3i$ (2) $13-i$

**32a** (1) $-2+6i$ (2) $5-5i$
(3) $-7+24i$

**32b** (1) $19-17i$ (2) $-8+i$
(3) 10

**33a** (1) $\dfrac{4}{5}+\dfrac{7}{5}i$ (2) $3-i$
(3) $1-i$

**33b** (1) $\dfrac{1}{2}+\dfrac{3}{2}i$ (2) $-1-i$
(3) $-\dfrac{1}{2}-\dfrac{3}{2}i$

**34a** (1) $x=\dfrac{-5\pm\sqrt{13}}{2}$ (2) $x=-\dfrac{1}{2}$
(3) $x=\dfrac{-1\pm\sqrt{11}\,i}{2}$

**34b** (1) $x=\dfrac{1\pm\sqrt{13}}{6}$ (2) $x=-\dfrac{2}{3}$
(3) $x=1\pm\sqrt{3}\,i$

**35a** (1) 異なる2つの実数解をもつ。
(2) 重解をもつ。
(3) 異なる2つの虚数解をもつ。

**35b** (1) 異なる2つの虚数解をもつ。
(2) 重解をもつ。
(3) 異なる2つの実数解をもつ。

**36a** (1) $k>9$ (2) $k\leqq2$, $6\leqq k$

**36b** (1) $k\geqq-16$ (2) $1<k<5$

**37a** (1) 和 $-\dfrac{1}{3}$, 積 $\dfrac{2}{3}$

(2) 和 $-2$, 積 $-\dfrac{5}{2}$

(3) 和 $2$, 積 $5$

(4) 和 $\dfrac{5}{2}$, 積 $0$

**37b** (1) 和 $-\dfrac{7}{3}$, 積 $\dfrac{2}{3}$

(2) 和 $1$, 積 $\dfrac{3}{5}$

(3) 和 $\dfrac{1}{3}$, 積 $-\dfrac{5}{3}$

(4) 和 $0$, 積 $-\dfrac{4}{3}$

**38a** (1) $-6$ (2) $-16$

(3) $8$ (4) $-\dfrac{2}{5}$

**38b** (1) $6$ (2) $-4$

(3) $1$ (4) $\dfrac{8}{5}$

**39a** (1) $x^2-4x+1=0$ (2) $x^2+2x+2=0$
(3) $x^2-2x+4=0$

**39b** (1) $x^2+6x+4=0$ (2) $x^2-4x+13=0$
(3) $x^2+4x+6=0$

**40a** $x^2+4x-16=0$

**40b** $x^2-7x+13=0$

**41a** (1) $3\left(x-\dfrac{1+\sqrt{13}}{6}\right)\left(x-\dfrac{1-\sqrt{13}}{6}\right)$
(2) $(x-1-i)(x-1+i)$
(3) $(x-2i)(x+2i)$

**41b** (1) $9\left(x-\dfrac{-1+\sqrt{2}}{3}\right)\left(x-\dfrac{-1-\sqrt{2}}{3}\right)$
(2) $(x-2-3i)(x-2+3i)$
(3) $(x-2\sqrt{2}\,i)(x+2\sqrt{2}\,i)$

**42a** (1) $1$ (2) $3$ (3) $6$

**42b** (1) $-5$ (2) $-2$ (3) $-27$

**43a** (1) $3$ (2) $5$

**43b** (1) $3$ (2) $13$

**44a** $2x-1$

**44b** $-x-1$

**45a** (1) $x-2$
(2) $x-2$ と $x-3$

**45b** (1) $x-4$

(2) $x-1$ と $x+2$

**46a** (1) $(x-1)(x+1)(x-4)$
(2) $(x+1)(x-2)^2$

**46b** (1) $(x+1)(x+2)(x+4)$
(2) $(x+2)(x-3)^2$

**47a** $x=3$, $\dfrac{-3\pm3\sqrt{3}\,i}{2}$

**47b** $x=-2$, $1\pm\sqrt{3}\,i$

**48a** (1) $x=\pm1$, $\pm4$
(2) $x=\pm\sqrt{2}\,i$, $\pm\sqrt{5}$

**48b** (1) $x=\pm\sqrt{3}$, $\pm2$
(2) $x=\pm\sqrt{5}\,i$, $\pm4$

**49a** (1) $x=1$, $2$, $3$
(2) $x=2$, $\dfrac{-1\pm\sqrt{13}}{2}$

**49b** (1) $x=-1$, $-2$, $4$
(2) $x=2$, $2\pm\sqrt{2}\,i$

**50a** (1) $8$ (2) $5$

**50b** (1) $4$ (2) $7$

**51a**

**51b**

R A P B Q

**52a** (1) $3$ (2) $\dfrac{6}{5}$ (3) $2$

**52b** (1) $-\dfrac{29}{7}$ (2) $\dfrac{1}{2}$ (3) $-2$

**53a** (1) $11$ (2) $-5$

**53b** (1) $11$ (2) $-7$

**54a** (1) $7\sqrt{2}$ (2) $\sqrt{34}$
(3) $\sqrt{5}$ (4) $\sqrt{61}$

**54b** (1) $\sqrt{41}$ (2) $\sqrt{34}$
(3) $3\sqrt{5}$ (4) $5$

**55a** (1) $(5, 0)$ (2) $(0, 5)$

**55b** (1) $(3, 0)$ (2) $(0, -3)$

**56a** (1) $(4, 2)$ (2) $\left(\dfrac{7}{2}, -\dfrac{1}{2}\right)$

**56b** (1) $(0, 0)$ (2) $\left(\dfrac{1}{2}, -\dfrac{3}{2}\right)$

**57a** (1) $(-1, -5)$ (2) $(13, 23)$

**57b** (1) $\left(\dfrac{7}{2}, 2\right)$ (2) $(-7, -12)$

**58a** $(-1, 0)$

**58b** $(1, -3)$

**59a** $(-2, 3)$

**59b** $(2, -1)$

**60a** (1) $y=3x-5$ (2) $y=-4x-19$
(3) $y=\dfrac{3}{2}x-6$

**60b** (1) $y=2x+3$　　(2) $y=-x-10$

(3) $y=-\dfrac{1}{2}x-\dfrac{11}{2}$

**61a** (1) $y=7x-9$　　(2) $y=\dfrac{3}{2}x$

(3) $x=-3$

**61b** (1) $y=2x$　　(2) $y=3$

(3) $x=4$

**62a** $y=x+2$

**62b** $y=-\dfrac{1}{4}x+\dfrac{11}{4}$ （または $x+4y-11=0$）

**63a** ①と④

**63b** ①と③

**64a** (1) $-\dfrac{1}{2}$　　(2) $2$

**64b** (1) $2$　　(2) $-\dfrac{1}{2}$

**65a** (1) $3x+y-5=0$　(2) $x-3y+5=0$

**65b** (1) $x-2y-14=0$　(2) $2x+y+7=0$

**66a** (1) $\dfrac{23}{5}$　　(2) $2$

**66b** (1) $1$　　(2) $\sqrt{2}$

**67a** (1) $(x-1)^2+(y+1)^2=2$

(2) $(x+2)^2+(y-3)^2=1$

(3) $x^2+y^2=2$

**67b** (1) $(x+3)^2+(y-5)^2=4$

(2) $(x+1)^2+(y+2)^2=5$

(3) $x^2+y^2=9$

**68a** (1) 中心は点 $(2,\ 1)$，半径は $2$

(2) 中心は点 $(0,\ -1)$，半径は $\sqrt{3}$

**68b** (1) 中心は点 $(-1,\ 2)$，半径は $4$

(2) 中心は点 $(3,\ 0)$，半径は $\sqrt{5}$

**69a** $(x+3)^2+(y-2)^2=13$

**69b** $(x-1)^2+(y+2)^2=10$

**70a** $(x+3)^2+(y+4)^2=25$

**70b** $(x+2)^2+(y-2)^2=25$

**71a**

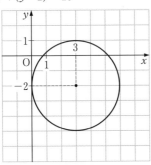

**71b**

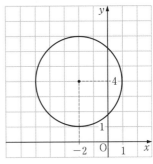

**72a** (1) $x^2+y^2+4x-6y=0$

(2) $x^2+y^2-6x-4y+8=0$

**72b** (1) $x^2+y^2-4x+2y=0$

(2) $x^2+y^2-5x-y+4=0$

**73a** $(-3,\ -1),\ (1,\ 3)$

**73b** $(2,\ -1)$

**74a** $-2 \leqq n \leqq 2$

**74b** $n=\pm\sqrt{5}$

**75a** $r=2\sqrt{2}$

**75b** $r>\sqrt{5}$

**76a** (1) $2x+3y=13$　(2) $-2x+y=5$

(3) $x=5$

**76b** (1) $3x-4y=25$　(2) $x+y=-4$

(3) $y=\sqrt{7}$

**77a** $x-2y=5,\ 2x+y=5$

**77b** $-2x-3y=13,\ -3x+2y=13$

**78a** 直線 $6x-4y-5=0$

**78b** 直線 $4x+6y-5=0$

**79a** 中心 $(-4,\ 0)$，半径 $4$ の円

**79b** 中心 $(0,\ 3)$，半径 $2$ の円

**80a** 中心 $(2,\ 0)$，半径 $1$ の円

**80b** 中心 $(-1,\ 0)$，半径 $2$ の円

**81a** (1) 次の図の斜線部分である。

ただし，境界線を含まない。

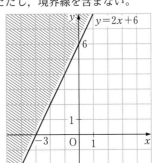

(2) 次の図の斜線部分である。
　　ただし，境界線を含まない。

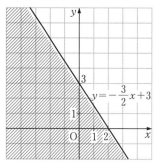

**81b** (1) 次の図の斜線部分である。
　　　ただし，境界線を含む。

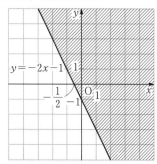

(2) 次の図の斜線部分である。
　　ただし，境界線を含む。

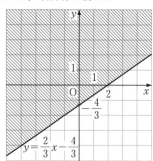

**82a** 次の図の斜線部分である。
　　　ただし，境界線を含まない。

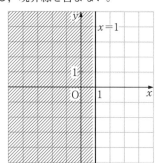

**82b** 次の図の斜線部分である。
　　　ただし，境界線を含まない。

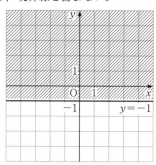

**83a** (1) 次の図の斜線部分である。
　　　ただし，境界線を含む。

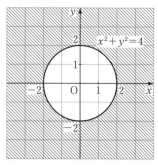

(2) 次の図の斜線部分である。
　　ただし，境界線を含まない。

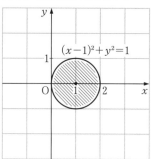

**83b** (1) 次の図の斜線部分である。
　　　ただし，境界線を含まない。

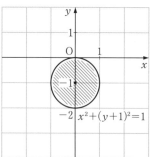

(2) 次の図の斜線部分である。
ただし，境界線を含む。

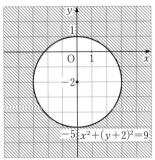

**84a** 次の図の斜線部分である。
ただし，境界線を含まない。

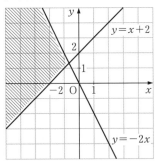

**84b** 次の図の斜線部分である。
ただし，境界線を含む。

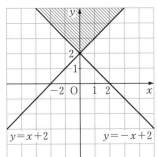

**85a** (1) 次の図の斜線部分である。
ただし，境界線を含む。

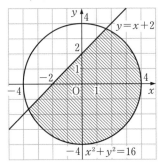

(2) 次の図の斜線部分である。
ただし，境界線を含まない。

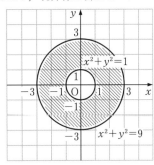

**85b** (1) 次の図の斜線部分である。
ただし，境界線を含まない。

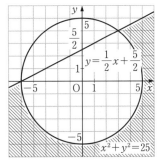

(2) 次の図の斜線部分である。
ただし，境界線を含む。

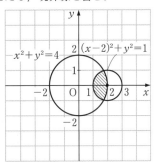

**86a** (1)

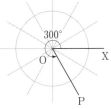

(2)

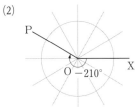

**86b** (1)

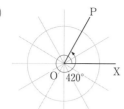

(2)

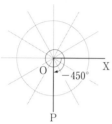

**87a** (1) $\dfrac{5}{18}\pi$ (2) $\dfrac{16}{9}\pi$ (3) $-\dfrac{\pi}{3}$

**87b** (1) $\dfrac{2}{5}\pi$ (2) $-\dfrac{7}{6}\pi$ (3) $5\pi$

**88a** (1) $240°$ (2) $-135°$ (3) $630°$

**88b** (1) $-30°$ (2) $390°$ (3) $-540°$

**89a** $\ell = 2\pi,\ S = 6\pi$

**89b** $\ell = 2\pi,\ S = 12\pi$

**90a** $\sin\dfrac{7}{4}\pi = -\dfrac{1}{\sqrt{2}},\ \cos\dfrac{7}{4}\pi = \dfrac{1}{\sqrt{2}},$

$\tan\dfrac{7}{4}\pi = -1$

**90b** $\sin\left(-\dfrac{7}{6}\pi\right) = \dfrac{1}{2},\ \cos\left(-\dfrac{7}{6}\pi\right) = -\dfrac{\sqrt{3}}{2},$

$\tan\left(-\dfrac{7}{6}\pi\right) = -\dfrac{1}{\sqrt{3}}$

**91a** $\cos\theta = \dfrac{12}{13},\ \tan\theta = -\dfrac{5}{12}$

**91b** $\sin\theta = -\dfrac{3}{5},\ \tan\theta = -\dfrac{3}{4}$

**92a** $\cos\theta = -\dfrac{3}{5},\ \sin\theta = \dfrac{4}{5}$

**92b** $\cos\theta = -\dfrac{12}{13},\ \sin\theta = -\dfrac{5}{13}$

**93a** (左辺)$= \sin^2\theta - 4\sin\theta\cos\theta + 4\cos^2\theta$

$\qquad\qquad + 4\sin^2\theta + 4\sin\theta\cos\theta + \cos^2\theta$

$\quad = 5(\sin^2\theta + \cos^2\theta)$

$\quad = 5 = $(右辺)

**93b** (左辺)$= \left(\dfrac{\sin\theta}{\cos\theta}\right)^2 - \sin^2\theta$

$\quad = \sin^2\theta\left(\dfrac{1}{\cos^2\theta} - 1\right)$

$\quad = \sin^2\theta\tan^2\theta = $(右辺)

**94a** $-\dfrac{4}{9}$

**94b** $\dfrac{3}{8}$

**95a** (1) $\dfrac{1}{2}$ (2) $-\dfrac{1}{\sqrt{2}}$

(3) $1$ (4) $\dfrac{\sqrt{3}}{2}$

**95b** (1) $1$ (2) $\dfrac{1}{\sqrt{3}}$

(3) $-\dfrac{1}{2}$ (4) $-\dfrac{1}{\sqrt{2}}$

**96a** $\theta = \dfrac{\pi}{8}$

**96b** $\theta = \dfrac{\pi}{12}$

**97a**

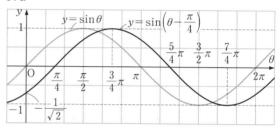

**97b**

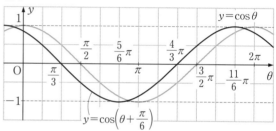

**98a** 周期は $2\pi$

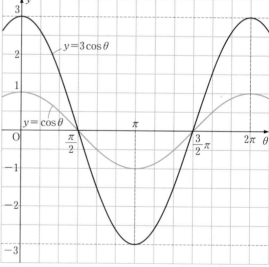

**98b** 周期は $2\pi$

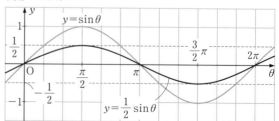

**99a** 周期は $\dfrac{2}{3}\pi$

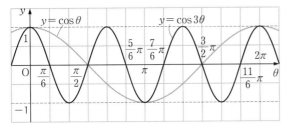

**99b** 周期は $4\pi$

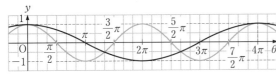

**100a** $\theta=\dfrac{4}{3}\pi,\ \dfrac{5}{3}\pi$

**100b** $\theta=\dfrac{\pi}{4},\ \dfrac{7}{4}\pi$

**101a** $\dfrac{\pi}{6}<\theta<\dfrac{5}{6}\pi$

**101b** $\dfrac{5}{6}\pi<\theta<\dfrac{7}{6}\pi$

**102a** (1) $\theta=\dfrac{3}{4}\pi,\ \dfrac{7}{4}\pi$

    (2) $0\leqq\theta\leqq\dfrac{\pi}{4},\ \dfrac{\pi}{2}<\theta\leqq\dfrac{5}{4}\pi,\ \dfrac{3}{2}\pi<\theta<2\pi$

**102b** (1) $\theta=\dfrac{2}{3}\pi,\ \dfrac{5}{3}\pi$

    (2) $0\leqq\theta<\dfrac{\pi}{2},\ \dfrac{5}{6}\pi<\theta<\dfrac{3}{2}\pi,\ \dfrac{11}{6}\pi<\theta<2\pi$

**103a** (1) $\dfrac{\sqrt{2}-\sqrt{6}}{4}$   (2) $-\dfrac{\sqrt{2}+\sqrt{6}}{4}$

    (3) $2-\sqrt{3}$

**103b** (1) $\dfrac{\sqrt{2}-\sqrt{6}}{4}$   (2) $\dfrac{\sqrt{6}+\sqrt{2}}{4}$

    (3) $-2+\sqrt{3}$

**104a** (1) $-\dfrac{3}{5}$     (2) $\dfrac{5}{13}$

    (3) $-\dfrac{63}{65}$     (4) $\dfrac{16}{65}$

**104b** (1) $-\dfrac{2\sqrt{2}}{3}$     (2) $-\dfrac{12}{13}$

    (3) $-\dfrac{5+24\sqrt{2}}{39}$   (4) $\dfrac{12-10\sqrt{2}}{39}$

**105a** (1) $\dfrac{24}{25}$   (2) $\dfrac{7}{25}$   (3) $\dfrac{24}{7}$

**105b** (1) $-\dfrac{120}{169}$   (2) $\dfrac{119}{169}$   (3) $-\dfrac{120}{119}$

**106a** $\theta=\dfrac{\pi}{2},\ \dfrac{2}{3}\pi,\ \dfrac{4}{3}\pi,\ \dfrac{3}{2}\pi$

**106b** $\theta=0,\ \dfrac{2}{3}\pi,\ \pi,\ \dfrac{4}{3}\pi$

**107a** (1) $\dfrac{\sqrt{2-\sqrt{3}}}{2}$   (2) $\dfrac{\sqrt{2-\sqrt{2}}}{2}$

**107b** (1) $\dfrac{\sqrt{2+\sqrt{2}}}{2}$   (2) $\sqrt{2}-1$

**108a** (1) $2\sqrt{3}\,\sin\!\left(\theta+\dfrac{\pi}{6}\right)$

    (2) $2\sqrt{2}\,\sin\!\left(\theta-\dfrac{\pi}{4}\right)$

**108b** (1) $2\sqrt{3}\,\sin\!\left(\theta+\dfrac{\pi}{3}\right)$

    (2) $2\sin\!\left(\theta-\dfrac{2}{3}\pi\right)$

**109a** (1) 最大値は $2$，最小値は $-2$

    (2) 最大値は $2$，最小値は $-2$

**109b** (1) 最大値は $2\sqrt{3}$，最小値は $-2\sqrt{3}$

    (2) 最大値は $\sqrt{2}$，最小値は $-\sqrt{2}$

**110a** (1) $1$     (2) $\dfrac{1}{3}$

**110b** (1) $1$     (2) $\dfrac{1}{16}$

**111a** (1) $a^{-1}$     (2) $a$

    (3) $a^{-6}$     (4) $a^{6}b^{-4}$

**111b** (1) $a$     (2) $a^{2}$

    (3) $a^{6}$     (4) $a^{-6}b^{3}$

**112a** (1) $2$     (2) $10$

**112b** (1) $-3$     (2) $2$

**113a** (1) $4$     (2) $4$

    (3) $\sqrt[5]{27}$     (4) $\sqrt[6]{2}$

**113b** (1) $5$     (2) $2$

    (3) $5$     (4) $\sqrt[12]{5}$

**114a** (1) $\sqrt[4]{343}$  (2) $\sqrt[4]{3}$  (3) $\dfrac{1}{\sqrt[3]{36}}$

**114b** (1) $\sqrt[5]{81}$  (2) $\sqrt[7]{5}$  (3) $\dfrac{1}{\sqrt{3}}$

**115a** (1) $a^{\frac{7}{3}}$     (2) $a^{\frac{5}{2}}$

**115b** (1) $a^{\frac{2}{3}}$     (2) $a^{-\frac{3}{4}}$

**116a** (1) $4$   (2) $\sqrt{3}$   (3) $9$

**116b** (1) $7$   (2) $16$   (3) $\dfrac{1}{2}$

**117a** (1) $3$     (2) $25$

**117b** (1) $9$     (2) $2$

**118a** (1) $2^{-4}<2<2^{2}$

    (2) $\sqrt[3]{2}<\sqrt[5]{4}<\sqrt[4]{8}$

    (3) $\dfrac{1}{3}<\sqrt[4]{\dfrac{1}{27}}<\sqrt[3]{\dfrac{1}{9}}$

**118b** (1) $\left(\dfrac{1}{3}\right)^{2}<1<\left(\dfrac{1}{3}\right)^{-3}$

    (2) $\sqrt[3]{81}<\sqrt{27}<9$

    (3) $\sqrt[4]{0.1^{3}}<\sqrt[3]{0.1^{2}}<\sqrt{0.1}$

**119a** (1) $x=\dfrac{5}{2}$   (2) $x=2$

**119b** (1) $x=-\dfrac{5}{2}$   (2) $x=-1$

**120a** (1) $x>4$   (2) $x\geqq2$

**120b** (1) $x \geqq -\dfrac{3}{2}$ (2) $x < 3$

**121a** (1) $\log_2 32 = 5$ (2) $\log_6 1 = 0$

**121b** (1) $\log_5 25 = 2$ (2) $\log_{\frac{1}{2}} 2 = -1$

**122a** (1) $2^6 = 64$ (2) $5^{-1} = \dfrac{1}{5}$

**122b** (1) $3^4 = 81$ (2) $7^0 = 1$

**123a** $x = 25$

**123b** $x = 7$

**124a** (1) 3 (2) $-3$ (3) $\dfrac{1}{2}$

**124b** (1) 4 (2) $-3$ (3) $-1$

**125a** (1) $\dfrac{3}{2}$ (2) $-2$

**125b** (1) $\dfrac{1}{2}$ (2) 6

**126a** (1) 1 (2) 2

**126b** (1) 2 (2) $-1$

**127a** (1) 2 (2) $\dfrac{1}{2}$

**127b** (1) 2 (2) 1

**128a** (1) 4 (2) 2

**128b** (1) $-2$ (2) $\dfrac{1}{2}$

**129a** (1) $\dfrac{3}{2}$ (2) 1

**129b** (1) $\dfrac{1}{4}$ (2) 2

**130a** (1) $\log_3 2 < \log_3 5 < \log_3 6$
(2) $\log_{\frac{1}{2}} 9 < \log_{\frac{1}{2}} 7 < \log_{\frac{1}{2}} 5$

**130b** (1) $\log_4 2 < 1 < \log_4 8$
(2) $1 < \log_{\frac{1}{3}} \dfrac{1}{4} < \log_{\frac{1}{3}} \dfrac{1}{5}$

**131a** $1 < \log_2 3 < \log_4 25$

**131b** $\log_9 4 < 2 < \log_3 10$

**132a** $x = 2$

**132b** $x = 3$

**133a** (1) $x > 0$ (2) $x > \dfrac{7}{2}$

**133b** (1) $2 < x < 5$ (2) $x > \dfrac{3}{2}$

**134a** (1) 0.7973 (2) 3.5539
(3) $-1.6596$

**134b** (1) 0.6314 (2) 4.9657
(3) $-2.2434$

**135a** (1) 7 桁 (2) 20 桁

**135b** (1) 22 桁 (2) 17 桁

**136a** 4

**136b** 2

**137a** $4 + h$

**137b** $-4 + h$

**138a** (1) 4 (2) $2a$

**138b** (1) $-2$ (2) $-2a$

**139a**
$$f'(x) = \lim_{h \to 0} \frac{f(x+h) - f(x)}{h}$$
$$= \lim_{h \to 0} \frac{-(x+h) - (-x)}{h}$$
$$= \lim_{h \to 0} \frac{-h}{h} = -1$$

**139b**
$$f'(x) = \lim_{h \to 0} \frac{f(x+h) - f(x)}{h}$$
$$= \lim_{h \to 0} \frac{2(x+h)^2 - 2x^2}{h} = \lim_{h \to 0} \frac{4xh + 2h^2}{h}$$
$$= \lim_{h \to 0} (4x + 2h) = 4x$$

**140a** (1) $y' = 2$ (2) $y' = 2x - 2$
(3) $y' = 3x^2 + 6x - 2$ (4) $y' = x^2 - x$
(5) $y' = 4x^3 - 3x^2 + 6x - 1$

**140b** (1) $y' = -1$ (2) $y' = 6x + 1$
(3) $y' = -3x^2 - 4x + 1$
(4) $y' = -2x^2 + 3$
(5) $y' = 8x^3 - 9x^2 + 2x$

**141a** (1) $y' = 2x + 6$ (2) $y' = 18x$
(3) $y' = 6x^2 + 4$ (4) $y' = 3x^2 + 18x + 27$

**141b** (1) $y' = 12x + 5$ (2) $y' = 4x$
(3) $y' = 3x^2 - 2x - 3$ (4) $y' = 3x^2 - 12x + 12$

**142a** (1) $h' = 4t + 3$ (2) $S' = 4\pi r$

**142b** (1) $h' = -3t^2 + 6t$ (2) $V' = 2\pi r^2$

**143a** (1) $f'(1) = 0,\ f'(-2) = -6$
(2) $f'(1) = -4,\ f'(-2) = 17$

**143b** (1) $f'(2) = -2,\ f'(-1) = 4$
(2) $f'(2) = 20,\ f'(-1) = 8$

**144a** (1) $y = 4x - 4$ (2) $y = -4x - 1$

**144b** (1) $y = -4x - 2$ (2) $y = 2x + 1$

**145a** $y = -2x - 1$

**145b** $y = -x + 4$

**146a** $y = 2x - 1,\ y = 6x - 9$

**146b** $y = 6x + 9,\ y = -2x + 1$

**147a**

| $x$ | $\cdots$ | 3 | $\cdots$ |
|---|---|---|---|
| $f'(x)$ | $-$ | 0 | $+$ |
| $f(x)$ | $\searrow$ | $-3$ | $\nearrow$ |

**147b**

| $x$ | $\cdots$ | 1 | $\cdots$ |
|---|---|---|---|
| $f'(x)$ | $+$ | 0 | $-$ |
| $f(x)$ | $\nearrow$ | 2 | $\searrow$ |

**148a** (1)

| $x$ | $\cdots$ | $-1$ | $\cdots$ | 1 | $\cdots$ |
|---|---|---|---|---|---|
| $f'(x)$ | $+$ | 0 | $-$ | 0 | $+$ |
| $f(x)$ | $\nearrow$ | 2 | $\searrow$ | $-2$ | $\nearrow$ |

(2)

| $x$ | $\cdots$ | $-2$ | $\cdots$ | 2 | $\cdots$ |
|---|---|---|---|---|---|
| $f'(x)$ | $-$ | 0 | $+$ | 0 | $-$ |
| $f(x)$ | $\searrow$ | $-16$ | $\nearrow$ | 16 | $\searrow$ |

**148b** (1)

| $x$ | $\cdots$ | 1 | $\cdots$ | 2 | $\cdots$ |
|---|---|---|---|---|---|
| $f'(x)$ | $+$ | 0 | $-$ | 0 | $+$ |
| $f(x)$ | ↗ | 1 | ↘ | 0 | ↗ |

(2)

| $x$ | $\cdots$ | 0 | $\cdots$ | 1 | $\cdots$ |
|---|---|---|---|---|---|
| $f'(x)$ | $-$ | 0 | $+$ | 0 | $-$ |
| $f(x)$ | ↘ | 12 | ↗ | 13 | ↘ |

**149a** $x=1$ で極大値 2，$x=2$ で極小値 1

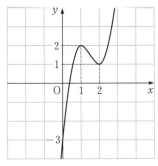

**149b** $x=-1$ で極小値 $-1$，$x=0$ で極大値 0

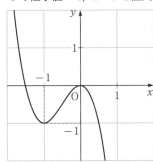

**150a**

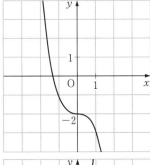

**150b**

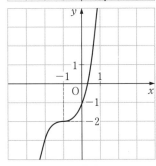

**151a** $a=-12$，$b=8$，極大値 24
**151b** $a=3$，$b=8$，極小値 8
**152a** $x=2$ で最大値 11，$x=-1$ で最小値 $-7$
**152b** $x=-2$ で最大値 20，$x=1$ で最小値 $-7$
**153a** $x=\dfrac{4}{3}$

**153b** $x=3$
**154a** 3 個
**154b** 1 個
**155a** $f(x)=(x^3+16)-12x=x^3-12x+16$
とおくと，$x \geqq 0$ のとき，$f(x)$ の最小値が 0
であるから
$$f(x) \geqq 0$$
すなわち $x^3+16 \geqq 12x$
等号が成り立つのは，$x=2$ のときである。
**155b** $f(x)=x^3+18-(4x^2+3x)$
$\qquad\quad =x^3-4x^2-3x+18$
とおくと，$x \geqq 0$ のとき，$f(x)$ の最小値が 0
であるから
$$f(x) \geqq 0$$
すなわち $x^3+18 \geqq 4x^2+3x$
等号が成り立つのは，$x=3$ のときである。
**156a** (1) $3x^2-5x+C$  (2) $\dfrac{1}{3}x^3-4x+C$

(3) $\dfrac{1}{4}x^4+\dfrac{2}{3}x^3-\dfrac{3}{2}x^2+2x+C$

**156b** (1) $-\dfrac{3}{2}x^2+x+C$

(2) $3x^3-3x^2+5x+C$

(3) $\dfrac{3}{2}x^4-x^3+\dfrac{1}{2}x^2+C$

**157a** (1) $\dfrac{1}{3}x^3-\dfrac{3}{2}x^2+2x+C$

(2) $t^3-2t^2+C$

**157b** (1) $\dfrac{4}{3}x^3+2x^2+x+C$

(2) $2t^3-\dfrac{5}{2}t^2+t+C$

**158a** $F(x)=x^3+x-3$
**158b** $F(x)=7x^3-5x^2+3x-1$
**159a** (1) 18  (2) 0

(3) 30  (4) $-\dfrac{13}{6}$

**159b** (1) 24  (2) $-12$

(3) $\dfrac{44}{3}$  (4) $-\dfrac{15}{2}$

**160a** (1) $-\dfrac{8}{3}$  (2) $\dfrac{15}{2}$  (3) 14

**160b** (1) $\dfrac{8}{3}$  (2) $-\dfrac{33}{2}$  (3) $-\dfrac{11}{6}$

**161a** (1) 12  (2) 12
**161b** (1) $-16$  (2) 30
**162a** (1) $2x^2+6x-1$  (2) $-x^2+2x+1$
**162b** (1) $-3x^2+4$  (2) $9x^2+7x+4$
**163a** (1) $f(x)=2x+2$，$k=-3$

(2) $f(x)=4x+4$，$k=2$

**163b** (1) $f(x)=6x+2$，$k=-8$

(2) $f(x)=-4x+3,\ k=-\dfrac{1}{2}$

**164a** $\dfrac{32}{3}$

**164b** $21$

**165a** $9$

**165b** $\dfrac{20}{3}$

**166a** (1) $\dfrac{9}{2}$     (2) $\dfrac{4}{3}$

**166b** (1) $\dfrac{9}{2}$     (2) $36$

**167a** $\dfrac{50}{3}$

**167b** $3$

**168a** $\dfrac{9}{2}$

**168b** $\dfrac{1}{3}$

● 補充問題

**1** (1) $\dfrac{3}{4xy}$     (2) $\dfrac{4ax}{3y}$

    (3) $\dfrac{x}{x-1}$     (4) $\dfrac{(x-1)(2x-3)}{(3x+1)(x-2)}$

**2** (1) $\dfrac{2x-1}{x+4}$     (2) $\dfrac{1}{x-1}$

    (3) $\dfrac{3x+5}{(x+1)(x+2)}$     (4) $\dfrac{x+1}{x(x-1)}$

    (5) $\dfrac{x+1}{x-1}$     (6) $-\dfrac{1}{x}$

**3** (1) $5+i$     (2) $10-3i$

    (3) $7+i$     (4) $41$

    (5) $-3-4i$     (6) $-\dfrac{2}{3}i$

    (7) $-\dfrac{6}{5}+\dfrac{3}{5}i$     (8) $-\dfrac{1}{13}-\dfrac{8}{13}i$

**4** (1) $x=4,\ -2\pm2\sqrt{3}\,i$
    (2) $x=\pm\sqrt{5}\,i,\ \pm\sqrt{3}$
    (3) $x=-1,\ -2,\ 3$
    (4) $x=1,\ 1\pm\sqrt{2}$
    (5) $x=1,\ 3,\ \dfrac{1}{2}$
    (6) $x=-2,\ 1\pm\sqrt{2}\,i$

**5** (1) $\left(\dfrac{1}{2},\ 2\right)$     (2) $(5,\ 5)$

    (3) $(-16,\ -9)$     (4) $(-1,\ 1)$

**6** (1) $y=3x-19$     (2) $y=-x+1$

    (3) $y=-\dfrac{1}{2}x-5$     (4) $y=-x+4$

    (5) $y=\dfrac{4}{7}x+\dfrac{13}{7}$     (6) $y=\dfrac{1}{2}x-1$

    (7) $x=-2$     (8) $y=-7$

**7** (1) $16$    (2) $2$    (3) $\dfrac{1}{4}$

    (4) $1$    (5) $2$    (6) $3$

**8** (1) $x=3$     (2) $x=-3$

    (3) $x\leqq\dfrac{3}{2}$     (4) $x>\dfrac{3}{2}$

**9** (1) $2$    (2) $2$    (3) $-2$

    (4) $2$    (5) $3$    (6) $1$

**10** (1) $x=2$     (2) $x=6$

    (3) $x>\dfrac{1}{2}$     (4) $-1<x<-\dfrac{8}{9}$

**11** (1) $y'=6x-2$     (2) $y'=0$
    (3) $y'=6x^2+6x$     (4) $y'=-9x^2+8x-6$
    (5) $y'=x^2+1$     (6) $y'=-4x^3+6x^2-4$

**12** (1) $y'=6x-11$     (2) $y'=36x^2+24x+3$
    (3) $y'=9x^2+4x-9$     (4) $y'=3x^2-12x+12$

**13** (1) $8x+C$     (2) $-\dfrac{9}{2}x^2+C$

    (3) $\dfrac{2}{3}x^3-x+C$     (4) $x^3+\dfrac{1}{2}x^2+x+C$

    (5) $-\dfrac{4}{3}x^3-\dfrac{3}{2}x^2+2x+C$

    (6) $\dfrac{1}{2}x^4-\dfrac{1}{3}x^3+3x^2-5x+C$

    (7) $\dfrac{2}{3}x^3-2x^2+C$

    (8) $3x^3+3x^2+x+C$

    (9) $\dfrac{4}{3}t^3-t+C$

    (10) $-t^3+\dfrac{1}{2}t^2+2t+C$

**14** (1) $0$     (2) $9$
    (3) $6$     (4) $-12$

    (5) $\dfrac{35}{6}$     (6) $\dfrac{19}{6}$

    (7) $-\dfrac{8}{3}$     (8) $\dfrac{26}{3}$

**15** (1) $\dfrac{9}{2}$    (2) $4$    (3) $\dfrac{8}{3}$

**新課程版　ネオパル数学 II**

2023年1月10日　初版　　第1刷発行
2024年1月10日　初版　　第2刷発行

編　者　第一学習社編集部

発行者　松　本　洋　介

発行所　株式会社　第一学習社

広島：広島市西区横川新町7番14号　〒733-8521　☎082-234-6800
東京：東京都文京区本駒込5丁目16番7号　〒113-0021　☎03-5834-2530
大阪：吹田市広芝町8番24号　〒564-0052　☎06-6380-1391

札　　幌☎011-811-1848　　仙台☎022-271-5313　　新　　潟☎025-290-6077
つくば☎029-853-1080　　横浜☎045-953-6191　　名古屋☎052-769-1339
神　　戸☎078-937-0255　　広島☎082-222-8565　　福　　岡☎092-771-1651

**訂正情報配信サイト 26860-02**
利用に際しては，一般に，通信料が発生します。

https://dg-w.jp/f/3a998

書籍コード　26860-02

＊落丁，乱丁本はおとりかえいたします。
解答は個人のお求めには応じられません。

ISBN978-4-8040-2686-2　　　　　　ホームページ　http://www.daiichi-g.co.jp/

# 常用対数表⑴

| 数 | 0 | 1 | 2 | 3 | 4 | 5 | 6 | 7 | 8 | 9 |
|---|---|---|---|---|---|---|---|---|---|---|
| 1.0 | .0000 | .0043 | .0086 | .0128 | .0170 | .0212 | .0253 | .0294 | .0334 | .0374 |
| 1.1 | .0414 | .0453 | .0492 | .0531 | .0569 | .0607 | .0645 | .0682 | .0719 | .0755 |
| 1.2 | .0792 | .0828 | .0864 | .0899 | .0934 | .0969 | .1004 | .1038 | .1072 | .1106 |
| 1.3 | .1139 | .1173 | .1206 | .1239 | .1271 | .1303 | .1335 | .1367 | .1399 | .1430 |
| 1.4 | .1461 | .1492 | .1523 | .1553 | .1584 | .1614 | .1644 | .1673 | .1703 | .1732 |
| 1.5 | .1761 | .1790 | .1818 | .1847 | .1875 | .1903 | .1931 | .1959 | .1987 | .2014 |
| 1.6 | .2041 | .2068 | .2095 | .2122 | .2148 | .2175 | .2201 | .2227 | .2253 | .2279 |
| 1.7 | .2304 | .2330 | .2355 | .2380 | .2405 | .2430 | .2455 | .2480 | .2504 | .2529 |
| 1.8 | .2553 | .2577 | .2601 | .2625 | .2648 | .2672 | .2695 | .2718 | .2742 | .2765 |
| 1.9 | .2788 | .2810 | .2833 | .2856 | .2878 | .2900 | .2923 | .2945 | .2967 | .2989 |
| 2.0 | .3010 | .3032 | .3054 | .3075 | .3096 | .3118 | .3139 | .3160 | .3181 | .3201 |
| 2.1 | .3222 | .3243 | .3263 | .3284 | .3304 | .3324 | .3345 | .3365 | .3385 | .3404 |
| 2.2 | .3424 | .3444 | .3464 | .3483 | .3502 | .3522 | .3541 | .3560 | .3579 | .3598 |
| 2.3 | .3617 | .3636 | .3655 | .3674 | .3692 | .3711 | .3729 | .3747 | .3766 | .3784 |
| 2.4 | .3802 | .3820 | .3838 | .3856 | .3874 | .3892 | .3909 | .3927 | .3945 | .3962 |
| 2.5 | .3979 | .3997 | .4014 | .4031 | .4048 | .4065 | .4082 | .4099 | .4116 | .4133 |
| 2.6 | .4150 | .4166 | .4183 | .4200 | .4216 | .4232 | .4249 | .4265 | .4281 | .4298 |
| 2.7 | .4314 | .4330 | .4346 | .4362 | .4378 | .4393 | .4409 | .4425 | .4440 | .4456 |
| 2.8 | .4472 | .4487 | .4502 | .4518 | .4533 | .4548 | .4564 | .4579 | .4594 | .4609 |
| 2.9 | .4624 | .4639 | .4654 | .4669 | .4683 | .4698 | .4713 | .4728 | .4742 | .4757 |
| 3.0 | .4771 | .4786 | .4800 | .4814 | .4829 | .4843 | .4857 | .4871 | .4886 | .4900 |
| 3.1 | .4914 | .4928 | .4942 | .4955 | .4969 | .4983 | .4997 | .5011 | .5024 | .5038 |
| 3.2 | .5051 | .5065 | .5079 | .5092 | .5105 | .5119 | .5132 | .5145 | .5159 | .5172 |
| 3.3 | .5185 | .5198 | .5211 | .5224 | .5237 | .5250 | .5263 | .5276 | .5289 | .5302 |
| 3.4 | .5315 | .5328 | .5340 | .5353 | .5366 | .5378 | .5391 | .5403 | .5416 | .5428 |
| 3.5 | .5441 | .5453 | .5465 | .5478 | .5490 | .5502 | .5514 | .5527 | .5539 | .5551 |
| 3.6 | .5563 | .5575 | .5587 | .5599 | .5611 | .5623 | .5635 | .5647 | .5658 | .5670 |
| 3.7 | .5682 | .5694 | .5705 | .5717 | .5729 | .5740 | .5752 | .5763 | .5775 | .5786 |
| 3.8 | .5798 | .5809 | .5821 | .5832 | .5843 | .5855 | .5866 | .5877 | .5888 | .5899 |
| 3.9 | .5911 | .5922 | .5933 | .5944 | .5955 | .5966 | .5977 | .5988 | .5999 | .6010 |
| 4.0 | .6021 | .6031 | .6042 | .6053 | .6064 | .6075 | .6085 | .6096 | .6107 | .6117 |
| 4.1 | .6128 | .6138 | .6149 | .6160 | .6170 | .6180 | .6191 | .6201 | .6212 | .6222 |
| 4.2 | .6232 | .6243 | .6253 | .6263 | .6274 | .6284 | .6294 | .6304 | .6314 | .6325 |
| 4.3 | .6335 | .6345 | .6355 | .6365 | .6375 | .6385 | .6395 | .6405 | .6415 | .6425 |
| 4.4 | .6435 | .6444 | .6454 | .6464 | .6474 | .6484 | .6493 | .6503 | .6513 | .6522 |
| 4.5 | .6532 | .6542 | .6551 | .6561 | .6571 | .6580 | .6590 | .6599 | .6609 | .6618 |
| 4.6 | .6628 | .6637 | .6646 | .6656 | .6665 | .6675 | .6684 | .6693 | .6702 | .6712 |
| 4.7 | .6721 | .6730 | .6739 | .6749 | .6758 | .6767 | .6776 | .6785 | .6794 | .6803 |
| 4.8 | .6812 | .6821 | .6830 | .6839 | .6848 | .6857 | .6866 | .6875 | .6884 | .6893 |
| 4.9 | .6902 | .6911 | .6920 | .6928 | .6937 | .6946 | .6955 | .6964 | .6972 | .6981 |
| 5.0 | .6990 | .6998 | .7007 | .7016 | .7024 | .7033 | .7042 | .7050 | .7059 | .7067 |
| 5.1 | .7076 | .7084 | .7093 | .7101 | .7110 | .7118 | .7126 | .7135 | .7143 | .7152 |
| 5.2 | .7160 | .7168 | .7177 | .7185 | .7193 | .7202 | .7210 | .7218 | .7226 | .7235 |
| 5.3 | .7243 | .7251 | .7259 | .7267 | .7275 | .7284 | .7292 | .7300 | .7308 | .7316 |
| 5.4 | .7324 | .7332 | .7340 | .7348 | .7356 | .7364 | .7372 | .7380 | .7388 | .7396 |